VADE-MECUM

A L'USAGE

DES AGRICULTEURS

MÉTHODE OLLENDORFF

POUR APPRENDRE

A LIRE, A ÉCRIRE ET A PARLER
Une langue en six mois

APPLIQUÉE

A l'Allemand, 22ᵉ édition, 2 vol. in-8°, broché, **10** fr.; relié, **12** fr.
A l'Anglais, 17ᵉ édition, 1 vol. in-8°, broché, **10** fr.; relié, **11** fr.
A l'Espagnol, 8ᵉ édition, 1 vol. in-8°, broché, **10** fr.; relié, **11** fr.
A l'Italien, 10ᵉ édition, 1 vol. in-8°, broché, **10** fr.; relié, **11** fr.
Au Latin, 3ᵒ édition, 1 vol. in-8°, broché, **10** fr,; relié, **11** fr.
Au Russe, vient de paraître, 1 vol. in-8°, broché, **10** fr.; relié, **11** fr.
CLEF DE CHAQUE MÉTHODE, 1 volume in-8°, broché, **3** francs.
— — 1 volume in-8°, relié, **3** fr. **75**.

COLLECTION DE MANUELS PRATIQUES
DE
CORRESPONDANCE COMMERCIALE ET FAMILIÈRE
EN TOUTES LANGUES ET A L'USAGE DE TOUTES LES NATIONS

PUBLIÉE SOUS LA DIRECTION DE
B. MELZI

Chaque langue, 1 volume in-18 jésus, **2** fr. **50** c.

VADE-MECUM

A L'USAGE

DES AGRICULTEURS

PAR

EUGÈNE MUSATTI et ED. VIANNE.

PRIX : 90 CENTIMES

PARIS

PAUL OLLENDORFF, Editeur

28 *bis*, rue de Richelieu

—

1878

Première partie

Le Sol et les Engrais

PAR EUGÈNE MUSATTI

INTRODUCTION

Lorsque, à la fin du dix-huitième siècle, la chimie agricole fut placée au rang des sciences pratiques les plus utiles au progrès économique des peuples, on s'aperçut qu'on ne pouvait pas en tirer tout le parti possible sans en généraliser l'enseignement parmi les classes rurales.

Mais on s'est demandé et l'on se demande encore quelle serait la manière la plus simple et la plus expéditive pour atteindre ce but?

Quelques économistes ont proposé l'institution de *mission-naires* chargés de la *propaganda fide* en matière agronomique : d'autres conseillent d'établir, dans les communes rurales, des maîtres-agriculteurs ; mais, quelle que soit la solution donnée à ce problème, rien ne serait plus avantageux qu'un *vade-mecum* à la portée de toutes les intelligences.

Je me suis donc proposé de remplir cette lacune, sans la prétention d'avoir complétement réussi, mais avec la persuasion que mon œuvre ne sera pas tout à fait inutile à la noble classe des travailleurs du sol.

CHAPITRE PREMIER

Le sol. — *Eléments essentiels de sa constitution.* — *L'humus et ses propriétés.* — *Manière de connaître les différentes espèces de terrains.*

Le sol est formé de substances organiques (*humus* ou restes putréfiés de végétaux et d'animaux) et inorganiques, tels que le sable ou gravier, l'argile et la chaux.

Mais si ces substances organiques et inorganiques constituent la presque totalité du sol, il y en a d'autres que l'analyse chimique a pu découvrir, et qui, bien qu'elles s'y trouvent en fort petites proportions, exercent néanmoins une très-grande influence sur la végétation. Les plus remarquables de ces substances sont : les oxydes de fer et de manganèse, les alcalis, la magnésie et les acides phosphorique, sulfurique et humique. Certes, une seule de ces substances ne suffirait pas pour constituer la fertilité d'un terrain, fertilité qui provient de l'union de ces substances, ou qui, pour mieux dire, est la force résultant de leur agrégation.

L'humus, produit de la décomposition des matières organiques, animales et végétales, est néanmoins considéré comme la base essentielle de tout terrain fertile, parce qu'il a la propriété d'absorber l'ammoniaque, substance alcaline et gazeuse) et de s'assimiler quelques-unes des substances inorganiques solubles. De plus, l'air et l'humidité, en pénétrant dans le sol, y provoque le dégagement de l'acide carbonique pendant la décomposition de l'humus, et par suite celui-ci exerce son action même sur les autres matières minérales qui entrent dans la composition du terrain.

L'humus ne suffit pas à lui seul pour constituer la fertilité du sol, puisque les terrains tourbeux et marécageux, qui en renferment une grande quantité, sont toutefois presque inféconds : pour constituer l'élément nutritif des plantes, c'est-à-dire les sels solubles, il faut donc que l'humus soit combiné avec d'autres substances.

La nature et la propriété de l'humus varient suivant la composition primitive des matières organiques, leur état de décomposition plus ou moins avancée, etc. En effet, lorsque ces corps organiques, qui ont un certain degré de chaleur, sont mis en présence de l'humidité et de l'air, ils se transforment d'abord en eau, ensuite en acide carbonique, en ammoniaque, etc. Pendant cette transformation, la substance organique dégénère en un corps brun, qui, mêlé à l'eau, donne une autre substance noirâtre et azotée.

Il n'y a rien de plus important pour l'agriculteur, que de connaître les divers éléments dont se compose le terrain, et s'il ne veut pas recourir toujours à l'analyse chimique, il peut tirer parti des indications suivantes :

1. Si l'on prend de la terre entre les doigts et qu'elle soit rude au toucher, elle renfermera, sans aucun doute, une certaine quantité de sable, et pour en connaître la proportion, il suffit d'un lavage par décantation. De plus le sol sablonneux peut être labouré en tout temps, tandis que le terrain argileux, en temps humide, ne peut pas être divisé par la charrue.

2. Le sable et la chaux n'ont point d'odeur, au contraire de l'argile.

3. Lorsqu'on laboure le sol, si les mottes sont luisantes et restent compactes, le terrain est argileux ; autrement, il est crayeux, marneux ou calcaire.

4. Les mottes des terrains sablonneux, labourées en temps humide, ne sont point luisantes.

5. Un terrain sur lequel l'eau s'arrête à la surface et n'est pas absorbée est argileux : au contraire, si l'eau est absorbée pendant qu'il pleut, cela signifie qu'il y a une faible quantité d'argile et beaucoup de sable ou de chaux.

6. Le sable ne peut pas être pétri, tandis que l'argile s'empâte très-facilement.

7. Le sable est plus lourd que l'argile et se sèche plus vite.

8. La couleur blanchâtre indique la présence de la chaux ou du plâtre; tirant sur le rouge, elle signifie que le sol renferme du fer avec de l'argile ou de la chaux; au contraire, la couleur noirâtre est la preuve qu'il y a une grande quantité d'humus (terreau ou terre végétale).

9. Si l'on verse du vinaigre ou de l'eau-forte sur la terre, et qu'il se produise une effervescence, sous forme d'écume ou de bulles, elle contient, sans aucun doute, de la chaux ou de la marne.

1.

CHAPITRE II.

*Des terrains sablonneux. — Méthode de culture. —
Bruyère. — Amendements. — Feldspath. — Avantages
de certaines plantations dans les terrains inféconds.*

Les terres diffèrent d'après la diversité même des éléments qui les composent.

Je parlerai avant tout des terres sablonneuses ou graveleuses.

On sait que le terrain peut être productif même lorsqu'il contient du sable en petite ou grande quantité. Mais s'il n'y avait pas d'autres substances mêlées au sable, il n'y aurait certes aucune végétation.

Les terrains purement sablonneux sont toujours stériles, parce que les matières nutritives qu'ils peuvent renfermer, se volatilisent faute d'humidité suffisante dans le sol.

On amende les terres graveleuses en y mêlant de l'argile ou de la marne argileuse, et en y cultivant les végétaux qui se contentent d'un sol aride, tels que les Pommes de terre, le Seigle, l'Avoine. Quelquefois, au lieu d'engrais, on enfouit des végétaux au moment de leur floraison.

La terre de Bruyère (mélange de gravier, sable quartzeux, humus ou terreau, grains ferrugineux, etc.) est susceptible d'amélioration par plusieurs moyens. On peut la transformer en terre d'arbres, en y plantant des Chênes et particulièrement des Bouleaux.

On cultive aussi dans les terres de Bruyère le Pin, qui fournit un bon combustible, et produit une substance (la résine ou poix-résine) très-utile pour le calfeutrage des navires et d'autres usages.

En Hollande, des propriétaires de Bruyères savent en tirer le plus grand parti par le fermage à longue durée. Ils donnaient à chaque cultivateur l'habitation, le bétail et les instruments agricoles, à la condition de labourer le sol, qui après quelques années donne de bonnes et abondantes récoltes en Avoine, Pommes de terre, légumes et céréales.

A ce propos il ne sera pas inutile de rappeler que l'influence de la durée du bail sur l'état et la marche de l'agriculture est considérable. Jamais la terre n'est bien cultivée que par des mains fortement stimulées à en obtenir tout ce qu'elle peut rapporter, et il n'est pas de mode de fermage plus favorable aux progrès de la production que celui qui, par des stipulations bien entendues, crée au cultivateur un intérêt continu ou, au moins, fort durable, et le pousse à ne rien négliger pour féconder de plus en plus le présent et assurer un long avenir. Malheureusement tel n'est pas l'effet de la plupart des arrangements entre le propriétaire du fonds et celui qui doit le faire valoir. Pourquoi ne pas accorder au cultivateur toutes les facilités possibles pour ce qui a trait à la durée du bail? L'avantage ne tournerait-il pas, en fin de compte, au profit de tous les deux?

Les Bruyères, amendées par la chaux, peuvent devenir très-productives, si le chaulage est suivi de bons et profonds labourages capables d'effectuer convenablement le mélange du sous-sol, qui est presque toujours argileux, avec la couche supérieure d'humus ou terre végétale.

Le Feldspath, de la décomposition duquel naît l'argile, est un minéral très-commun et dont la dureté diffère bien peu de celle du quartz. Il est particulièrement composé de gravier (environ la soixantième partie du poids total) et d'alumine, outre une certaine quantité de potasse. Le minéral est souvent à l'état cristallin, mais il varie soit de couleur, soit de forme, de sorte qu'il y en a de plusieurs espèces. Le Feldspath existe dans tous les terrains d'alluvion dont les eaux descendent des masses ou roches de granit. Partout où il existe une grande quantité de sable feldspathique on a sûrement, à l'aide d'abondantes fumures, de bonnes récoltes en céréales, mais il faut chauler le terrain pour en diminuer la ténacité.

On sait que le sol le plus aride et le plus stérile, lorsqu'il est couvert d'arbres qui y prennent racine très-facilement, tels que les Pins, les Bouleaux, les Hêtres, etc., peut devenir, avec le temps, doux, tendre, fertile et très-propre à la culture du Froment et d'autres céréales. Mais comme la formation de la couche végétale (1) exige plusieurs années, on doit y planter des arbres dont les produits à extraire, tels que la résine, le goudron, la térébenthine, la soude, la potasse, etc., rémunèrent tant soit peu le propriétaire du fond, jusqu'à ce que le terrain soit apte à produire les céréales, les légumes, etc.

Parmi les arbres que l'on doit préférer, si la situation climatérique le comporte, il faut mentionner le Pin, qui peut fournir annuellement en résine 10 à 12 0/0 du poids total d'un arbre.

Le Pin laricio donne un bois très-approprié à la construction de hangars, auvents, tonneaux, etc. On s'en sert aussi pour combustible et pour la construction des navires.

---

(1) La couche végétale est produite de la décomposition des feuilles qui tombent aux approches de l'hiver ou bien quand il fait du vent, etc.

L'Orme est un des arbres les plus utiles, quoique le bois qu'il fournit soit, à cause de sa dureté, très-difficile à travailler. Ordinairement on emploie ce bois pour le charronnage ou pour la fabrication des moulins ; de plus, on en extrait de la potasse. Les feuilles de cet arbre, renfermant des principes mucilagineux et sucrés, servent souvent de nourriture aux Chèvres, aux Moutons, aux Vaches et aux Cochons.

L'Aune réussit très-bien dans les terrains légers et humides, mais non dans les terrains marécageux ; le bois de cet arbre est employé : 1° pour la construction des palissades ou cloisons, pour les travaux de marquetterie, ainsi que pour le tournage et la sculpture ; 2° pour certains ustensiles et meubles communs ; 3° pour les fours à pain, à chaux, etc. ; 4° pour la fabrication de la poudre à canon, etc. L'écorce de cet arbre sert aussi pour tanner les cuirs.

Bref, par la culture des arbres nommés ci-dessus, on peut obtenir un revenu convenable tant que la formation de la couche végétale n'assure pas la réussite de plus riches produits.

CHAPITRE III

Sol argileux. — Amendements. — Cultures préférables.

On reconnaît l'argile à sa couleur grise ou azurée, à sa malléabilité et à l'odeur particulière qu'elle exhale.

L'argile mouillée forme une pâte plus ou moins souple, tandis que, sous l'influence de la chaleur, elle durcit beaucoup.

L'argile seule n'est propre à aucune culture, mais, mêlée à d'autres matières terreuses, elle devient très-productive.

Les terrains qui ont plus de 60 0/0 d'argile doivent être amendés en y mêlant du sable fin (80 à 100 mètres cubes par hectare), ou bien de la craie, de la marne, du plâtre ou d'autres substances poreuses, faute de quoi il convient d'y cultiver les végétaux les plus riches en feuillage, ou ceux qui réussissent le mieux dans l'argile, afin de les enfouir au moment de leur floraison. En répétant cette opération plusieurs fois, le sol devient en peu de temps tellement productif qu'on peut obtenir, après quelques années, de très-bonnes récoltes en céréales.

Comme l'argile est imperméable, il s'ensuit que l'on y doit employer les engrais les plus chauds, c'est-à-dire ceux qui sous un même volume renferment le plus de matière ammoniacale. (L'ammoniaque, comme nous l'avons vu, est une substance alcaline, gazeuse, élastique, à l'odeur forte et irritante.)

Il y a toutefois des terrains, dont l'argile est si consistante, qu'il faut les amender au moyen de l'embrasement ou incinération, en procédant de la manière suivante : on mêle avec l'argile (en mottes de terre équidistantes, larges et longues de 35 centimètres) des restes de végétaux qu'on laisse dessécher pour en former des petits fourneaux ayant chacun une petite ouverture. Lorsque le feu qu'on allume dans ces fourneaux est éteint, on répand sur le terrain la cendre qui en résulte. Ce procédé exige la plus grande attention, car sa bonne réussite dépend principalement du fait d'avoir su maintenir constamment, durant l'incinération, la plus basse température possible. Si l'embrasement n'a pas lieu de la sorte, on obtient un résulat tout à fait contraire, parce que la potasse, qui devient soluble à basse température, retourne à l'état primitf, quand la température s'élève.

L'incinération agit sur les terrains argileux de deux manières différentes : mécaniquement, par la désagrégation des molécules qui composent le sol ; chimiquement, en le pourvoyant d'un amendement salin, qui est presque aussi efficace qu'un bon chaulage. Un champ soumis à cette opération peut servir, par les cendres obtenues, à amender un autre champ d'une étendue double.

Lorsque le terrain est si compacte et si tenace que le labourage y est difficile, ou bien lorsque les pluies forment à la surface une couche pâteuse qui empêche l'eau de pénétrer jusqu'aux racines, il faut recourir à l'incinération.

Le terrain argileux ne doit être labouré que lorsqu'il n'est ni trop humide, ni trop sec.

Les arbres qui y poussent bien, sont : le Chêne, l'Orme, le Charme et l'Érable. Parmi les produits qui réussissent le mieux, il faut placer les céréales, les légumes, le Lin et le Chanvre.

CHAPITRE IV

Sol calcaire. — Action de la chaux. — Marnes. —
Terrains humeux.

Les terrains calcaires renferment de 30 à 75 0/0 de
carbonate de chaux et quelques parties de carbonate de
magnésie, de phosphate de chaux, de plâtre, d'oxyde de
fer et de manganèse, etc. L'humus n'y existe point, ou bien
il n'y en a qu'en fort petites proportions, la décomposition
des corps organiques ayant lieu très-rapidement par suite
de l'excessive activité de la chaux.

Il faut amender les sols calcaires avec le sable pour modérer l'action trop énergique de la chaux. De cette manière on
peut obtenir de bonnes et abondantes récoltes en céréales,
en fourrages, etc.

Les terres marneuses renferment 10 à 20 parties de carbonate calcaire, 30 à 50 parties d'argile et sable, et environ
5 parties d'humus ou terreau.

La marne est si tendre qu'on peut la disjoindre par la
simple friction des doigts. Trempée dans l'eau, elle forme
une pâte qui durcit sous l'action de la chaleur. On reconnaît
la marne par les bulles, c'est-à-dire par l'effervescence
qu'elle produit au contact de l'acide nitrique.

L'oxyde de fer entre parfois dans la compostion de la
marne ; souvent aussi elle contient de la magnésie, qui a

pour effet de nuire à la végétation. Au contraire, s'il n'y en a point, les marnes donnent de bonnes et abondantes récoltes en Froment, Seigle, Épeautre, Orge, Avoine, Légumes, Lin, Chanvre et Betteraves.

Les terres humeuses sont d'ordinaire composées de la manière suivante : acide humique, charbon, restes organiques en état de décomposition plus ou moins avancée, gravier, alumine et autres substances minérales. Il faut neutraliser l'acidité, si mortelle aux plantes, des sols humeux, au moyen des chaulages ou des marnages. Ces terres deviennent ainsi très-productives et propres à quelque culture que ce soit.

CHAPITRE V

Du fumier animal. — Économie du bétail. — De l'alimentation du bétail au point de vue des engrais.

On appelle *engrais* toutes sortes de substances organiques ou inorganiques qui, en état de décomposition, coopère à la formation des végétaux.

Le fumier, qui est un mélange des excréments solides et liquides des animaux, doit, en général, subir une fermentation avant d'être employé.

Pour mieux conserver le fumier et moins disperser ses éléments fertilisants, pendant la période de transformation, on le place sur un sol imperméable, afin que le purin ne soit pas absorbé. Il faut donc que le pavé soit en pierre dure ou en briques, ou au moins en argile très-tenace et consistante, ce qu'on obtient par la compression. Dans tous les cas, ce pavé doit avoir un petit canal ou fossé pour l'écoulement et la conservation du purin.

La qualité de fumier dépend non-seulement de l'animal qui l'a produit et de la litière, mais aussi des aliments fournis à l'animal et du soin qu'on a mis à empêcher la dispersion des matières ammoniacales.

Le meilleur fumier est celui qui renferme 4 à 5 00/00 d'azote, 2 à 3 00/00 d'acide phosphorique et 3 à 7 00/00 **de** potasse; afin d'obtenir un tel résultat, il faut que le fumier

soit bien conservé, en y répandant de la chaux ou du sulfate de fer (vitriol vert), ou bien d'autres substances capables de rendre fixes les corps volatils.

Mais il y a encore d'autres circonstances qui influent directement ou non sur la qualité du fumier.

Si, par exemple, le bétail vit dans des étables, où il n'y a
pas un bon système d'aération, il s'ensuit que les animaux
devenant faibles, maigres, etc., donneront un *produit* peu
riche en matière azotée.

L'usage de la petite cheminée en briques qui s'élève du
toit à la hauteur de quelques mètres est si peu adopté, en
général, que nous le recommandons aux agriculteurs, comme
le meilleur ventilateur; toutefois on peut arriver à changer
l'air fréquemment, en ouvrant les fenêtres et les portes, de
manière que la température soit de 10° à 12° Réaumur.

Il faut empêcher absolument les courants d'air, provenants des portes ou fenêtres placées vis-à-vis, et qui sont
très-nuisibles à la santé des animaux.

Les portes des étables doivent avoir une largeur d'au moins
un mètre et demi, et les fenêtres doivent être nombreuses
et placées à 2 mètres de distance les unes des autres.

Comme les effluves du bétail et la saleté des étables sont
également pernicieuses à la santé des animaux, on doit les
tenir le plus propre possible, et enlever les souillures des
murailles et du plancher par de simples mais fréquents la-
vages. De même il faut tenir avec propreté les abreuvoirs,
les ustensiles et tout ce qui est dans l'étable.

La qualité du fumier, c'est-à-dire sa valeur fertilisante,
dépend en grande partie de la qualité et de la quantité des
aliments qu'on donne aux bestiaux. S'il sont mal nourris, on
aura, sans aucun doute, un fumier bien inférieur à celui que
donneraient des bestiaux nourris convenablement.

Admettons, par exemple, qu'un cheval soit nourri avec une
bonne ration d'Avoine, et qu'un autre cheval soit nourri, au

contraire, avec de la paille de Froment. Le premier donnera certes un *produit* bien plus riche en éléments fertilisants, parce que l'Avoine renferme, en comparaison de la paille de Froment, plus de parties d'azote, d'acide phosphorique et de potasse.

Donc si l'on amende deux champs avec ces deux fumiers, on aura certainement une récolte plus abondante dans le champ où l'on aura mis le fumier du cheval nourri avec l'Avoine.

Il faut abreuver les animaux avec de la bonne eau, en préférant l'eau courante à l'eau pluviale ou de puits.

Si l'on doit abreuver le bétail au moyen d'auges en bois ou en pierre, ou même avec des seaux, il sera mieux d'exposer l'eau à l'influence de l'air pendant vingt-quatre heures au moins, afin qu'elle arrive au degré de la température atmosphérique. Cette précaution est nécessaire, car l'eau froide peut causer des engorgements très-graves.

Il faut ajouter que l'eau pluviale renferme bien souvent du nitre, de la chaux ou d'autres substances hétérogènes et nuisibles à la santé de l'animal : en laissant l'eau se reposer toute une journée, ces matières se déposent et demeurent au fond.

Les abreuvoirs entourés par une muraille peu élevée du sol, ou environnés par un simple parapet, sont construits d'ordinaire en forme carrée ou en demi-cercle, et ont une dimension proportionnée au volume d'eau dont on peut disposer et au nombre d'animaux que l'on doit abreuver.

Le fond de l'abreuvoir doit être pavé, si c'est possible, afin que l'eau ne soit pas troublée par le moindre mouvement.

On a remarqué maintes fois qu'on abreuve les troupeaux dans des petits ruisseaux dont l'eau est trouble. Quelques éleveurs affirment sottement que les chevaux, par exemple,
nt pas de répugnance pour l'eau trouble. Mais s'ils les

laissaient libres de choisir, il verraient bien s'il en est ainsi.

L'eau boueuse peut produire des obstructions, des engorgements et tant d'autres maux extrêmement pernicieux. Mais en général, on ne songe guère aux fâcheuses conséquences dérivant de la négligence des règles les plus élémentaires d'économie animale. Ne voit-on pas tous les jours qu'au lieu de nettoyer les abreuvoirs, lorsqu'il y a de la boue ou d'autres matières hétérogènes, on les laisse longtemps dans cet état, comme s'il fallait beaucoup de peine ou de dépense pour les nettoyer souvent ?

Une autre remarque que nous devons faire, c'est qu'on ne se préoccupe pas assez de l'emplacement de l'abreuvoir, tandis que l'esprit le plus vulgaire devrait comprendre combien il est nécessaire de le tenir loin de l'écurie, du fumier et de la cuisine, afin qu'il n'y entre, ni directement, ni par infiltration, aucune matière putréfiante.

Pour maintenir la salubrité de l'eau nous recommandons de jeter tous les ans dans les abreuvoirs d'eau dormante deux ou trois sacs de poudre de charbon.

La diffusion des épizooties provient de ce qu'on n'emploie pas assez les moyens nécessaires à la bonne conservation du bétail. Conduire par exemple à l'abreuvoir un animal ayant une maladie contagieuse, c'est vouloir exposer au même danger les animaux sains. Or, on a vu maintes fois des gardeurs de troupeaux contrevenir à ce précepte hygiénique d'une si haute importance, sans réfléchir aux funestes conséquences de leur négligence.

Un agriculteur de ma connaissance tenait son bétail dans un réduit très-étroit, où il manquait d'air et de lumière. Les exhalaisons délétères et pestilentielles qui se dégageaient des ordures et des souillures de l'étable, les effluves et les transpirations des animaux, faisaient de cette horrible caverne un véritable bouge infernal. Mais qu'arriva-t-il? D'abord les animaux devinrent asthmatiques et ensuite le mal augmenta tellement qu'ils ne tardèrent guère à mourir.

Aujourd'hui ce réceptacle immonde n'existe plus, et là où régnaient l'infection et la puanteur s'élève à présent une étable vraiment modèle. Puisse le châtiment, subi par notre agriculteur, être instructif pour ceux qui possèdent de véritables tannières au lieu de bonnes étables bien aérées !

La bonne aération des étables éloigne les épizooties qui sévissent parmi les troupeaux, et qui pourraient très-souvent être arrêtées dans leurs cours, si les gardeurs veillaient plus soigneusement sur l'état valétudinaire des animaux.

La tristesse, l'abattement d'esprit, la forte dépilation (chute de poils), la couleur jaunâtre des lèvres, de la langue et des yeux, le refus de manger, etc., tous ces symptômes demandent à leur première apparition un régime sévèrement observé. Avant tout, il faut tenir l'animal à jeun et au repos absolu ; on fera bien seulement de lui donner de temps en temps de l'eau pure mêlée à un peu de son ou de farine d'Orge.

Quand les symptômes ne présentent aucun caractère alarmant, parfois un régime sévère et quelques lavements d'eau nitrée peuvent suffire pour guérir l'animal. Mais s'ils sont graves, il faut recourir promptement au vétérinaire, afin qu'il agisse suivant les préceptes de la science. Nous disons cela, car par malheur on ne veut pas encore renoncer dans les campagnes au vieil et sot usage de se servir de l'œuvre de vénals charlatans ou de bavards empiriques, qui exploitent la bonne foi, ou, pour mieux dire, l'ignorance d'autrui, pour débiter le *nec plus ultrà* de tous les remèdes, savoir : la grande panacée qui *doit* guérir tous les maux, et qui, au contraire, est souvent la cause unique de l'augmentation du mal sinon de la mort.

Il me reste à présent à ajouter quelques mots sur la nourriture du bétail, laquelle, comme nous l'avons vu, influe directement sur la qualité du produit excrémentiel, dont la valeur fertilisante dépend de la quantité d'azote renfermée dans l'aliment.

Supposons que la ration journalière d'un bœuf du poids de 700 kilos soit de :

Kil. 5.00 de Sainfoin.
» 6 » » paille d'Avoine,
» 3.25 » Fèves écossées.
» 0.75 » sel commun.
» 55.00 » eau.

Kil. 70.00

Dans ces aliments qui constituent la moyenne de la nourriture nécessaire à un bœuf du poids de 700 kil. il s'y trouve :

Kil. 58.00 d'eau.
» 00.80 de substances minérales.
» 5 .40 » carbone.
» 00.70 » hydrogène.
» 4 .20 » oxygène.
» 00.90 » azote.

Kil. 70.00

Le bœuf restituera dans les vingt-quatre heures, outre 10 kil. d'acide carbonique et d'hydrogène carburé, qui se dégagent par la transpiration, kil. 54 environ d'excrément, savoir :

Fiente, kil. 40 renfermant kil. 0,100 d'azote.
Urine » 14 » » 0,175 »

Kil. 54 renfermant kil. 0.275 d'azote

Or, si kil. 13.750 de grains de Froment, ou bien kil. 16.875 de grains de Maïs renferment précisément kil. 0.275 d'azote, il s'ensuit que le bœuf nourri de la manière susindiquée donnera un fumier suffisant pour produire kil. 13.750 de Froment ou kil. 16.875 de Maïs, tandis qu'une terre fumée avec les excréments moins bien nourris, produira une récolte certainement inférieure.

CHAPITRE VI

Fumier frais et fumier sec ou fermenté. — Différentes
espèces de fumier. — Les excréments humains. — Ma-
nière d'en tirer parti. — Exemples.

Quoique le fumier frais ou non fermenté soit moins efficace
que le fumier sec ou fermenté, dont les propriétés fertilisantes augmentent pendant la décomposition, l'agriculteur doit
néanmoins se régler suivant la nature du sol.

Par exemple, tandis que les terrains légers veulent un
fumier sec, les sols tenaces exigent, au contraire, un fumier
frais ou peu fermenté.

Des auteurs affirment qu'on ne peut employer le fumier
qu'après sa complète transformation, parce que pendant la
décomposition des matières excrémentielles, on remarque
souvent l'apparition, à l'état de larves, de petits insectes, qui
meurent seulement à putréfaction très-avancée. Donc, si
l'on n'emploie pas le fumier après sa fermentation, ces larves pourraient bien nuire à la végétation. Sur les terrains vi-
nicoles spécialement, il faut exclure l'application du fumier
frais, si l'on veut les préserver de l'action nuisible des germes produits par l'engrais durant sa fermentation.

Comme dans la nature tout est graduel et progressif, on
ne doit pas employer en une seule fois une quantité exces-

sive de fumier, mais, au contraire, en plusieurs fois. On obtient de cette manière des résultats merveilleux.

Donc, il vaut mieux donner au terrain une certaine quantité de fumier divisée par tiers, que tout en une seule fois :

A ce propos il ne sera pas inutile de rappeler les deux grands apophtegmes des anciens :

Licet majorem fructum percipere, si frequenti et modicâ stercoratione terra refoveatur. (Une fumure médiocre mais réitérée donne la meilleure et la plus abondante récolte.)

Et l'autre : *Nec prodest nimium stercorare uno tempore, sed frequenter et modice.* (Il n'est pas avantageux de fumer beaucoup en une seule fois, mais peu et souvent.)

Pendant que le fumier fermente, il peut arriver une dispersion partielle des éléments azotés qu'il contient en le laissant trop longtemps sous l'influence immédiate de l'air atmosphérique. On cite un agriculteur qui, ayant laissé longtemps un tas de fumier à la merci des agents atmosphériques, trouva à la fin une diminution de presque moitié. Il fit promptement sa dénonciation au parquet, croyant qu'on l'avait volé, mais comme il n'y avait aucun indice à la charge de qui que ce fût, on dut le convaincre, non sans efforts, qu'au lieu d'être victime d'un voleur, il pouvait bien être victime de sa propre ignorance.

Il faut mêler au fumier des substances, telles que la tourbe, la marne, le sulfate de fer (vitriol vert), etc., capables de retenir l'ammoniaque, la potasse et l'acide sulfurique, qui, sans cela, se transformeraient peu à peu en gaz ou fluide aériforme.

Il y a plusieurs qualités de fumier, dont la valeur fertilisante diffère suivant l'espèce de l'animal qui le produit.

Le fumier de cheval est chaud, sec et léger ; il renferme un grand nombre de sels, et comme il se décompose rapidement, il faut en modérer l'activité afin d'empêcher une trop grande dispersion de la matière organique. En général, les excréments solides du cheval ne sont pas trop compactes, et ce manque de consistance, produit par la constitution chimique des aliments, facilitant l'évaporation de l'humidité et la pénétration de l'air atmosphérique, cause la rapide décomposition des substances azotées. Le fumier de cheval est très-propre aux terrains humides, tenaces, argileux et froids, parce qu'il les réchauffe, les désagrège et les rend plus accessibles aux agents atmosphériques. Le fumier convient aussi aux prairies et à toutes sortes de cultures herbacées et de plantes à riche feuillage.

Le fumier de bœuf, qui est bien plus compacte, fermente très-lentement. Il est de nature froide, renfermant une grande quantité d'eau et moins d'azote que le fumier de cheval; mais s'il n'agit pas avec la même efficacité, ses effets sont en revanche plus durables. On le préfère pour les terrains chauds, poreux et légers (sols calcaires et sablonneux), et comme il contient beaucoup de potasse, on l'emploie surtout pour la culture de la vigne et des céréales.

Le fumier des Brebis et des Chèvres, étant très-riche en matière azotée, fermente vite, et comme il est sec et chaud, on l'emploie surtout pour les terrains humides et froids.

Le fumier des Cochons est aqueux et frais, mais cela tient au régime alimentaire auquel on les soumet. En effet, si on les nourrit avec des substances très-pauvres en azote, telles que les pommes de terre, les betteraves etc., on ne peut avoir qu'un engrais peu actif, tandis que si on leur donnait des légumineuses ou d'autres substances riches en éléments phosphatiques et azotés, on aurait un engrais bien plus efficace.

En général, on mélange ce fumier avec celui du Cheval ou des autres animaux.

Les excréments humains, qui renferment une grande quantité d'azote, d'acide phosphorique et e potasse, forment un engrais très-efficace. Cependant on n'en tient pas assez compte, quoique par le système des conduits souterrains ou égouts, il soit facile de recueillir tous les excréments humains au bénéfice de l'agriculture.

Il est vrai qu'en plusieurs contrées on en tire tout le parti possible, mais nous voudrions que partout chaque famille, riche ou pauvre, possédât des réservoirs d'où l'on pourrait, à l'aide d'appareils convenables, transporter les matières excrémentielles à quelque époque que ce fût. Quel avantage n'en résulterait-il pas pour l'agriculture ! Mais prenons un exemple :

Paris et sa banlieue ont environ trois millions d'habitants. Ceux-ci donneront annuellement, à raison de 30 kilos de matière fécale et 300 kilos d'urine par personne, un total de 99 millions de kilos d'excréments, qui, dûment fermentés à l'aide de substances capables de retenir les éléments azotés, contiendront à peu près :

Azote . . . . kil. 1.584.000
Acide phosphorique . . . . » 1.071.360
Potasse . . . . » 445.500

La valeur vénale de ces substances serait environ de trois millions de francs.

Or, comme la France tout entière a une population de 36 à 38 millions d'habitants, il est facile de voir que la perte annuelle provenant du non-emploi de ces matières fécales doi être de plusieurs centaines de millions, au détriment de la richesse nationale (1).

---

(1) Les matières fécales d'une population de 36 à 38 millions renferment en chiffres ronds :

kil. 20 millions d'azote.
 » 14 » d'acide phosphorique.
 » 6 » de potasse.

Or ces substances donneraient 120 millions d'hectolitres de Froment, ou bien 72 millions d'hectolitres de Maïs. Supposez donc qu'en France on ne tire parti que d'un tiers seulement des excréments humains, elle aurait tous les ans une perte *matérielle* de 48 millions d'hectolitres de Maïs, ou bien de 80 millions d'hectolitres de Froment. (*Note de l'Auteur.*)

CHAPITRE VII.

Le sang. — Les os. — Les râclures de cornes. — Les poils et les plumes. — Les résidus de laine et d'autres matières industrielles.

Quoique le sang recueilli dans les boucheries soit d'une valeur incomparable au point de vue de sa composition chimique et de sa propriété fertilisante, comme il ne pourrait pas être appliqué à l'état liquide, parce qu'il se putréfie trop vite, il forme cependant un engrais très-précieux, lorsqu'on le dessèche en lui enlevant l'eau qu'il renferme.

Les os forment un engrais excellent lorsqu'ils sont dissous dans l'acide sulfurique et transformés en phosphates bibasiques. Il y en a qui préfèrent les os en morceaux ; mais comment pourrait-on alors les répandre sur le terrain avec uniformité?

En outre, la farine d'os s'incorpore parfaitement avec le sol, et quoique leur activité soit de moindre durée lorsqu'ils sont pulvérisés, nous devons nous attacher à ce que le terrain demande *actuellement*, et non à ce dont il pourrait avoir besoin dans un temps plus ou moins éloigné. Henri, par exemple, emploie 100 kilos de farine d'os et obtient pendant *trois* ans un prodnit annuel de 400 kilos de légumes; Jules, au contraire, emploie 100 kilos d'os en morceaux, et obtient pendant *quatre* ans la même quantité de 400 kilos par an.

Lequel des deux aura mieux su tirer parti de cet engrais

Les os naturels concassés ou pulvérisés conviennent mieux dans les terrains légers que dans les terrains forts, mais faut les proscrire absolument des sols calcaires, et n'employer pour ces terres que des os dissous.

Les os mêlés avec le fumier s'y incorporent après un certain laps de temps et forment un engrais excellent.

On peut aussi mélanger la farine, c'est-à-dire la poudre d'os, avec un poids égal de sciure de bois, en formant de petits tas, que l'on arrose très-légèrement ou avec de l'eau, ou avec du purin. On place ces tas à l'abri de la pluie pendant huit jours, et ensuite on les recouvre de terre, pour former un nouveau mélange, après quoi on le tamise, afin de le répandre uniformément sur le terrain.

La farine d'os est particulièrement indiquée pour la culture des céréales, mais il faut la proscrire absolument lorsqu'il s'agit des trèfles ou d'autres fourrages. Au contraire, elle est très efficace dans les prairies, pourvu qu'on la mêle avec la chaux, la marne, la cendre, etc.

Les râclures de corne, les poils et les plumes, renferment des éléments qui en font de très-bons engrais. Toutefois comme ces matières se décomposent lentement, on les mêle avec la semence, ou bien on les enfouit au pied des arbres fruitiers.

Les résidus de laine sont d'ordinaire employés pour la culture du houblon, mais leur usage est peu répandu parce qu'ils agissent trop lentement. Toutefois pour les terrains qui n'exigent point un engrais très-actif, les résidus de laine sont assez convenables, car si leur action est peu énergique, elle est, en revanche, d'une très-longue durée.

Les résidus des établissements où l'on sale les poissons, les restes du gras de baleine et d'autres cétacées, forment de bons engrais, pourvu qu'on les mêle avec un volume égal de terre et qu'on les laisse fermenter complètement.

2.

CHAPITRE VIII

Du guano. — *Considérations sur les engrais concentrés.* — *Guano artificiel.*

On sait que les excréments des oiseaux forment un engrais très-riche en matière azotée, en phosphate, etc. La fiente des pigeons, spécialement, renferme une grande quantité de ces éléments fertilisants. Cent pigeons produisent annuellement de 6 à 8 hectolitres de colombine : or, un seul hectolitre de cet engrais bien fermenté est aussi efficace que mille kilos de fumier de cheval. On ne doit employer la fiente de pigeon qu'à raison de 20 à 30 hectolitres par hectare tout au plus, en la répandant sur le terrain comme la semence.

Le guano figure parmi les excréments des volatiles les plus riches en éléments azotés. On appelle ainsi la fiente de certains oiseaux carnassiers dits, en espagnol, *guaneros* ou *huaneros.*

Le mot *guano* ou *huano* s'applique aujourd'hui non-seulement à tous les excréments des oiseaux et des animaux marins recueillis dans les diverses contrées du globe, mais aussi à certains engrais composés de poudre d'os combinée avec d'autres substances.

Les dépôts de guano situés le long des côtes du Pérou sont les meilleurs et les plus recherchés. La qualité, connue vraiment sous le nom de guano du Pérou, se trouve dans les îles Chinchas, Guanape et autres, sur l'Océan Pacifique, à quelques milles de distance de la côte péruvienne. Ces îles sont placées entre le 13e et le 14e degré de latitude, c'est-à-dire dans une région où la pluie ne tombe presque jamais, où, par suite, il n'y a point d'humidité dans l'air, et où la chaleur du soleil est on ne peut plus brûlante.

Les eaux de l'Océan, qui baignent le bord de ces îles, renferment une immense quantité de poissons, qui sont dévorés par des milliers d'oiseaux, lesquels déposent leurs excréments aux environs de ces îles.

Le guano du Pérou contient en moyenne :

Azote	parties	14.29
Phosphate de chaux	»	19.52
Acide phosphorique	»	3.12
Humidité (eau)	»	15.82
Autres substances	»	47.25
	Total. . . .	100.00

En tenant compte de l'azote, qui est le plus essentiel des éléments fertilisants, un kilo de guano péruvien correspond en réalité à :

33 1/2 kil.	de fumier de	basse-cour.
12 »	»	cheval.
38 1/2 »	»	vache.
22 1/2 »	»	cochon.
14 1/2 »	»	humain.

Avec 300 kilos de guano (par hectare) on amende un terrain pour l'espace d'un an. Or, un hectare peut donner 1600 à 1700 kilos de Froment, qui nécessiteraient 10,000 kilos de fumier ordinaire.

Dans les terres montueuses, et partout où les transports sont difficiles ou trop coûteux, le guano est le meilleur succédané du fumier animal. Cependant on ne doit pas en abuser, parce que les engrais concentrés, ayant un volume trop petit, ne peuvent pas améliorer le terrain aussi bien que le fumier.

On reconnaît le vrai guano péruvien à sa couleur jaune foncé, à son odeur d'ammoniaque très-prononcée et à sa saveur salée et piquante.

Quoiqu'il soit d'ordinaire pulvérulent, toutefois il renferme des grains agglomérés que l'on doit désagréger, afin de le répandre sur le terrain avec uniformité. D'abord, il faut cribler le guano, afin de mélanger ce qui ne passe pas avec une certaine quantité de terre ou sciure de bois ; ensuite, on répand ce mélangé de la même façon que le guano pulvérisé.

Après le guano du Pérou viennent les guanos d'Angamos, du Chili, de la Bolivie, de la baie de Saldanha, d'Algoa et d'autres contrées, mais ils diffèrent tellement entre eux que l'un, par exemple, renferme 14 parties d'azote (1) , tandis que l'autre en contient 5 à 6 tout au plus (2) ; de même l'un est apprécié pour son acide phosphorique (3) , l'autre pour son azote (4) , etc.

Il advient parfois que le guano, dans son transport du lieu d'origine au pays de destination, subit des altérations par suite d'avaries ou de supercheries. De quelque façon que ce soit, il est de tout intérêt pour l'agriculteur de bien s'assurer si la quantité d'eau renfermée dans le guano excède les limites suivantes :

Pour le guano du Pérou . . . . 15 à 16 0/0
  »   »   de la Bolivie . . . . 12 à 13 0/0
  »   »   Africain . . . . 14 à 15 0/0

Si l'agriculteur ne connaît pas la manière de se garantir des fraudes et de s'assurer que la marchandise n'est pas

---

(1) le guano de Chinchas.
(2)   »   du Chili.
(3)   »   de l'île Baker.
(4)   »   du Pérou.

avariée, il fera bien de s'adresser à un chimiste expérimenté avant de faire un achat.

Il y a du guano falsifié dans lequel on a trouvé 35 à 50 0/0 de sable.

Dans plusieurs contrées on emploie le guano (100 à 300 kilos par hectare, suivant la nature du sol) mélangé avec un volume doublé ou triple de tourbe ou de charbon de bois bien pulvérisé. Mais il faut répandre ce mélange avec uniformité, parce que, si on en accumule quelque part un peu trop, on aura un excès de végétation ; si, au contraire, il y en a trop peu, on obtiendra le résultat opposé.

Le guano du Pérou, très-efficace dans la culture des céréales, des pommes de terre, des plantes textiles et oléagineuses, est d'un effet vraiment merveilleux dans la culture des plantes potagères arrosées avec de l'eau mélangée de guano.

Le guano péruvien qui, comme nous l'avons vu, est si riche en matières phosphatiques et ammoniacales, exerce une action plus vigoureuse encore sur les plantes (telles que le Froment, le Maïs, etc.), qui renferment une grande quantité d'azote et d'acide phosphorique. Ses effets sont surtout surprenants dans les terrains sur lesquels les végétaux poussent avec plus de lenteur.

CHAPITRE IX

Des engrais verts ou végétaux. — Les plantes marines. —
La tourbe.

Pour avoir un bon engrais, vert ou végétal, il suffit de semer, après la récolte ordinaire, une plante substantielle et qui pousse rapidement. Lorsqu'elle est en bourgeon, on la fauche pour l'enfouir à l'aide de la charrue. En général, les vesces, les fèves, les pois-chiches et le lupin, contenant plus d'azote que d'autres végétaux, sont très-propres à cet amendement, qui convient surtout aux terrains légers.

Il y a des terres sablonneuses où une récolte de lupin, enfoui à l'état de fleur, peut donner de meilleurs et de plus riches produits, par exemple en orge ou en seigle, qu'une abondante fumure.

Les plantes marines et tous les végétaux qui croissent dans les marais, le long des canaux et des rivages des fleuves, forment un engrais très-efficace. Dans plusieurs contrées on fait sécher les algues, ou herbes de mer, et on les pulvérise pour les mélanger avec le fumier. On obtient ainsi un engrais très-précieux pour les dunes, ou terrains avoisinant la mer.

La tourbe étant composée de résidus végétaux et animaux, forme un très-bon engrais pour les terrains manquant de matière organique, mais il faut la mêler au fumier, ou à la chaux, ou, enfin, au liquide excrémentiel.

CHAPITRE X.

Des engrais minéraux. — La chaux, la marne et le plâtre.

Le carbonate de chaux est un des éléments les plus importants de la constitution des terrains calcaires.

La chaux, à l'état naturel, se combine avec l'acide carbonique dans la proportion de 56 parties de chaux et 44 parties d'acide carbonique, formant ensemble le carbonate de chaux, dont la présence dans le terrain est très-utile, soit parce qu'il facilite la décomposition des engrais, soit parce qu'il neutralise les produits acidulés de la putréfaction.

Si la chaux est naturellement très-nuisible aux terrains calcaires et marneux, elle est, au contraire, d'une utilité sans pareille pour les terres fortes ou tenaces. On transporte la chaux sur le terrain et on en forme de petits tas d'un demi-hectolitre, et à la distance d'environ 7 mètres l'un de l'autre. Si le terrain est très-tenace, on peut arriver jusqu'à 200 hectolitres par hectare, mais, en général, il suffit de la moitié de cette dose pour obtenir l'effet désiré. Si la couche supérieure est un mélange d'argile et de sable, il suffit de 50 hectolitres par hectare ; dans ce cas les tas doivent être proportionnels. On les recouvre d'une quantité de terre double ou triple de leur volume, en leur donnant la forme d'un cône, afin que l'eau, en cas de pluie, puisse s'écouler par la surface. Au bout de trois semaines la chaux forme une sorte de farine que l'on doit mêler avec la terre qui l'environne, pour être répandue sur le sol uniformément à l'aide du hoyau et ensuite enterrée. Un chaulage de 100 à 200 hectolitres par hectare (suivant la ténacité du terrain) peut suffire pour l'espace de dix ans.

L'automne est la saison la plus favorable pour exécuter ce genre d'opérations, qu'on doit faire précéder toujours d'une demi-fumure.

Il faut chauler par un temps sec et calme, soit pour prévenir l'épaississement des molécules, en cas de pluie, soit pour empêcher leur dispersion s'il fait du vent.

La chaux détruit tous les insectes parasites qui font tant de ravages parmi les végétaux, et, sans contredit, elle peut préserver les vignobles de germes destructeurs. On objecte que le soufre est le seul remède préservatif. Nous ne le croyons pas pour deux raisons : d'abord, parce que tous les vignobles placés sous les mêmes conditions, ne ressentent pas dans la même mesure l'action du soufre, et, ensuite, parce qu'on ôte par là l'effet, mais on ne supprime pas la cause.

Rajeunir le terrain en mouvant et en remuant la terre à l'aide de la bêche, le plus fréquemment possible; *y mêler* de la terre neuve ou vierge et de la chaux de la manière que nous avons indiquée pour le chaulage; *y donner* une demi-fumure avec un engrais bien fermenté, en y ajoutant une très-petite dose de sel commun bien sec, voilà un moyen assez efficace pour préserver les végétaux des cryptogames, du *phylloxera vastatrix*, et, en général, de tous les germes destructeurs.

N'y a-t-il pas des terres qui doivent leur salut à un bêchage souvent renouvelé ? Si on y ajoute le chaulage n'y a-t-il pas à espérer que leur combinaison produira les plus grands avantages ?

Agriculteurs ! si vous voulez que vos vignobles soient préservés des germes destructeurs, remuez la terre souvent, et, si le sol n'est pas calcaire ou marneux, employez la chaux ou la marne suivant les règles que nous vous avons indiquées tout à l'heure.

Le sulfate de chaux, connu communément sous le nom de plâtre, est un engrais excellent, mais il faut l'employer à l'état primitif, c'est-à-dire cru, et réduit en poudre très-fine, pour être réparti sur le terrain avec uniformité. Le plâtre agit efficacement sur les cultures de trèfles et des plantes fourragères de la famille des légumineuses.

Ses effets sont vraiment merveilleux partout où il y a manque absolu d'éléments calcaires, et tandis qu'il exerce une action très-bienfaisante sur les prairies qui manquent d'humidité, il est, au contraire, bien peu efficace sur les prairies humides.

200 à 300 kilos de plâtre par hectare, sont plus que suffisants, si le terrain repose sur des couches marneuses, plâtrées, calcaires ou crayeuses, ou bien s'il renferme plus d'une quatrième partie de chaux ou d'éléments congénères ; mais si le terrain, par exemple, argileux, est trop riche en humus ou terreau il faut doubler la dose (300 à 400 kilos de plâtre par hectare).

On répand cet engrais au printemps, le matin ou le soir, et par un temps beau et frais.

Dans plusieurs contrées on l'emploie très utilement pour la culture des oliviers, des mûriers et des vignes; et si la consommation du plâtre naturel a cessé quelque part, c'est parce qu'aujourd'hui on le mêle à d'autres substances, pour en faire des engrais artificiels.

CHAPITRE XI.

Les fragments de coquilles et de coraux. — Les cendres des combustibles. — Les sels. — Les phosphates et les os.

Les sables provenants des coquilles et des coraux renferment du phosphate de chaux, et l'on peut en tirer un grand parti, spécialement dans les terres qui avoisinent la mer.

En Angleterre on fait un grand usage des coquilles, et dans certains pays maritimes on ne connaît pas d'autre engrais. D'abord, on tient les coquilles en tas, jusqu'à ce qu'elles soient bien sèches, et, ensuite, on les transporte dans les campagnes les plus proches de la mer.

Les coquilles sont très-propres à l'amendement des terres marécageuses, argileuses et humides.

Les Irlandais, pour la culture des pommes de terre, couvrent de coquilles les tas de fumier ou de litière. Pendant trois ans on ne cultive que la pomme de terre, mais, à la quatrième année, on remue la terre et on y sème l'orge qui donne des récoltes magnifiques.

Si les coquilles sont entières ou en gros fragments, il faut les broyer, ou bien les répandre dans les étables ou dans les bergeries, afin qu'elles soient décomposées par les déjections liquides des animaux.

On emploie cet engrais dans les terrains argileux et marécageux, à la dose de 30 à 40 mètres cubes par hectare. Pour les terrains légers il suffit de 12 à 15 mètres cubes par hectare.

Les cendres des végétaux sont très-utiles dans les terrains qui manquent d'éléments calcaires, et produisent les mêmes effets que la chaux ; ils contiennent, en outre, une certaine quantité de potasse. Cet engrais doit être répandu sur le terrain par un temps calme et sec : il faut que les cendres et même le terrain ne soient pas humides.

Une certaine quantité de cendre de foyer (10 à 20 hectolitres par hectare) et une demi-fumure d'engrais animal bien fermenté, peuvent suffire pendant deux ou trois ans. Toutefois, pour les prairies, la dose doit être portée jusqu'à 50 hectolitres de cendre par hectare. De cette façon, leur efficacité se prolonge au delà de dix ans, et double le produit en fourrages.

Les cendres de la tourbe, à la dose de 10 à 20 hectolitres par hectare, agissent sur les trèfles presque de la même manière que le plâtre.

La cendre des végétaux détruit les moisissures des prairies humides et épuisées, et fait périr les mollusques qui s'accrochent aux légumes.

Le sel commun, le chlorure de chaux, le nitre ou salpêtre et les autres sels exercent sur la végétation une influence très-favorable, pourvu qu'on sache en user avec une grande parcimonie. Ces sels tuent les vers et les petits insectes qui font tant de ravage, et préservent même les végétaux de certaines maladies. En Angleterre on en fait un usage très-étendu, mais on les mêle au fumier, à la chaux et à la suie. Dans les terres qui avoisinent la mer, les Anglais se servent de l'eau salée, pour y détremper la chaux, et en font ensuite un mélange avec une certaine quantité de terre.

Quelques agriculteurs répandent le sel, mêlé au fumier,

en même temps que la semence; le fumier de vache est peut-être le plus propre à un tel mélange.

De quelque façon que ce soit, il faut que l'agriculteur fasse des essais, en petite proportion, sur ses propres terrains, avant de prononcer un jugement définitif sur l'utilité des sels. On peut faire les expériences, soit au terme du cycle végétatif, soit pendant la période de rotation, en se réglant suivant la qualité du terrain, l'espèce du produit, etc. Après deux ou trois ans d'expériences on pourra apprécier, selon les résultats, les avantages réels provenant de l'application des nouveaux amendements.

CHAPITRE XII

*Les composts ou engrais mixtes. — La suie. — Les balayu-
res des rues. — Les plâtras ou décombres. — La boue
des fossés.*

Il y a beaucoup de substances qui, mêlées ensemble, forment ce qu'on appelle communément des composts ou *engrais mixtes* : telles sont, par exemple, les cendres des savon-
neries, les sciures de bois, la suie, les balayures des rues, les
plâtras ou décombres, la boue des fossés etc, agrégés pêle-
mêle les uns les autres à la poudre de charbon, au plâtre,
à la chaux et à d'autres matières organiques et inorganiques.
Mais si par exemple un terrain manquait d'éléments phosphatiques, ou bien s'il en était besoin pour la culture de quelques
plantes, telles que les raves, les pommes de] terre, les navets, etc. qui en contiennent beaucoup, il faudrait ajouter à ce
mélange un certaine quantité d'os en morceaux ou pulvérisés.

Les cendres de savonnerie, que l'on mêle souvent au fumier, sont employées pour tout genre de culture.

La suie, composée de charbon, d'huile empyreumatique,
de sels acéteux, de substance azotée, etc., est usitée presque
partout sans règle et sans mesure, de sorte qu'on ne peut
pas obtenir toujours tous les bons résultats dont elle serait
susceptible : douze hectolitres par hectare, si le terrain est

argileux et humide, et quatre hectolitres par hectare, si le sol est aride et léger, voilà les limites normales, modifiables seulement selon le degré de fertilité du terrain et l'espèce de culture.

Le printemps est la saison la plus favorable pour appliquer cet engrais, qui est aussi très-utile parce qu'il détruit les vers, les cryptogames, les mollusques et les moisissures.

La suie, mêlée au sel commun (3 ou 4 parties de suie et 1 partie de sel), exerce sur la végétation une influence très-favorable.

On ne peut faire aucun usage des balayures des rues, tant qu'elles ne sont pas complétement fermentées, c'est-à-dire, décomposées, ce qui les réduit au tiers ou à la moitié de leur volume primitif. A cet effet on y ajoute préalablement de la chaux et on arrose le tas de balayures avec une certaine quantité de liquide excrémentiel.

On entasse les plâtras ou décombres, provenant de la démolition de vieilles constructions, avec une quantité proportionnelle de fumier ou d'autres substances organiques, arrosant le tas de la même manière que nous avons indiquée pour les balayures des rues. A la fin de la fermentation, on enlève des tas les pierres qui ne sont pas sujettes à décomposition.

La boue des fossés et des canaux a en elle-même une grande valeur fertilisante à cause des éléments organiques qu'elle renferme. Toutefois, avant de l'employer, il faut la laisser exposée à l'air pendant quelque temps. Il est très-avantageux d'y mélanger de la chaux (4 parties de boue et 1 partie de chaux), et cet engrais, à la dose de 50 à 100 mètres cubes par hectare, est d'une efficacité sans pareille, spécialement dans les terrains sablonneux ou manquant de principes calcaires.

Nous recommandons vivement aux agriculteurs un usage plus étendu des composts ou engrais mixtes, qu'on peut former très-facilement en joignant ensemble les balayures des maisons, les cendres du foyer, les mauvaises herbes, les excréments quels qu'ils soient, et tout ce qu'on peut ramasser, pour en faire un mélange avec la chaux, la marne etc., que l'on doit arroser avec une certaine quantité de liquide excrémentiel.

CONCLUSIONS

Nous avons vu par ce qui précède, que les végétaux puisent leurs éléments essentiels dans le sol, dans l'air et dans l'eau.

Le terrain, considéré sous l'aspect agronomique (sol agraire), n'est pas autre chose qu'un mélange de détritus minéraux et de restes organiques auxquels est associée une certaine quantité d'eau.

Si l'air et l'eau sont nécessaires à la formation des végétaux, le terrain aussi y a sa part importante. De là dérive le besoin d'étudier les caractères physiques et chimiques du sol, pour l'amender suivant les résultats de l'analyse et le genre de culture que l'on veut adopter.

L'agriculteur qui, à ses propres observations et aux diverses expériences entreprises sur ses propres terrains, unit les connaissances acquises dans les bons livres d'économie rurale, peut contribuer d'une manière très-efficace au véritable progrès de l'agriculture et de la richesse nationale.

Deuxième partie

PAR ED. VIANNE

CHAPITRE PREMIER

Emploi des engrais.

Les agriculteurs qui auront suivi attentivement la première partie de ce petit ouvrage seront à même apprécier la valeur du sol et celui des engrais ; ils connaîtront, par conséquent, la valeur et les noms de leurs principaux matériaux. Il s'agit maintenant de les mettre en usage le plus économiquement possible. Or, en ce qui concerne l'engrais, l'important est de savoir *quand*, *comment* et à *quelle dose* il faut l'employer, principalement les engrais de commerce ou engrais pulvérulents.

Il est facile de comprendre que les conditions d'emploi, de même que celles de quantité, doivent varier selon la nature des terres et celle de la récolte que l'on désire obtenir ; quant à la manière d'employer elle est plus générale et ne varie pas autant, d'abord.

Quand doit-on employer les engrais? — On sait que les terres siliceuses ne retiennent pas l'humidité et que l'eau y passe comme à travers un filtre, sans que la terre, par sa nature, puisse retenir les matières qu'elle tient en dissolution plus ou moins intime. Il est évident que dans les terres de cette nature, et dans toutes celles qui ne contiennent pas assez d'argile pour retenir les principes fertilisants qui se dissolvent dans l'eau, on ne doit fumer que le plus tard possible, c'est-à-dire le plus près possible de l'époque de l'ensemencement et n'employer que des fumiers consommés. Les cultivateurs disent des terres de cette nature, *qu'elles brûlent le fumier.* L'expression n'est pas exacte, car ces terres ne s'assimilent le principe du fumier ni ne les détruisent, elles les laissent perdre. Mais le fait sous-entendu est vrai, car dans les terres de cette nature le fumier dure peu, il faut, par conséquent, fumer peu à la fois et recommencer souvent. Quand, au contraire, on a affaire à des terres plus ou moins argileuses, les conditions changent; l'argile se sature des principes fertilisants qu'elle retient fortement pour ne les céder aux plantes qu'à mesure de leurs besoins ; c'est cette saturation que les cultivateurs du Nord nomment *la vieille graisse* : elle rend la terre fertile, douce et onctueuse. Les terres argileuses peuvent donc recevoir à la fois d'abondantes fumures qu'elles tiennent en réserve pour plusieurs années. Il est bon, lorsqu'elles sont très-compactes, d'employer du fumier pailleux. En cet état, il a pour effet de rendre la terre plus meuble et plus facile à travailler.

Ainsi donc, dans les terres sableuses ou siliceuses, fumer peu à la fois et renouveler souvent, employer des fumiers gras et onctueux, tels que celui des bêtes bovines et fumer peu de temps avant les ensemencements. Au contraire, dans les terres argileuses, fumer à fortes doses afin de saturer la terre des principes fertilisants, employer, autant que possi-

3.

ble, des fumiers pailleux et chauds, tels que celui provenant des chevaux ou des bêtes ovines, fumer à volonté lorsque la terre est prête à recevoir le fumier.

Toutefois, pour certaines cultures, les betteraves, par exemple, il est bon que le fumier soit enfoui avant l'hiver.

Comment faut-il employer l'engrais ? — Lorsqu'il s'agit de fumier de ferme, il faut l'enterrer à la charrue aussitôt que possible, ne jamais le laisser en petits tas et encore moins épandu sur le sol. Le fumier que l'on laisse sur la terre sans l'enterrer perd beaucoup de ses qualités, car, s'il fait sec il se déssèche et s'il fait humide la pluie le lave et l'eau entraîne les parties les plus solubles qui sont aussi les plus fertilisantes.

Quant à l'engrais pulvérulent, lorsqu'il s'agit d'engrais azotés, il est de la plus grande urgence de l'enterrer immédiatement au moyen du scarificateur ou de la herse. Si ce sont des engrais purement minéraux on n'a pas besoin de tant se presser, surtout si la terre est disposée de telle manière qu'ils ne puissent être enlevés par les eaux de pluie. Néanmoins, quand on le peut, il est bon de les mélanger avec la terre aussitôt après l'épandage, au moyen de la herse.

Nous voici arrivé à la troisième question qui est de beaucoup la plus importante. *A quelle dose faut-il employer l'engrais ?* La réponse est d'autant plus complexe qu'il est impossible de préciser, car la quantité d'engrais à employer dépend de la nature de l'engrais, de sa richesse, du degré de fertilité et de la nature de la terre, etc. Une réponse développée exigerait donc tout un volume, et on en a écrit plus d'un à ce sujet, sans que pour cela la question soit parfaitement élucidée. Pourtant, il y a des conditions générales à remplir qui sont fixes ; quant aux autres, elles sont dévolues à l'intelligence du cultivateur.

La condition principale, c'est de mettre à la disposition des plantes, la quantité de nourriture nécessaire pour obtenir une pleine récolte, sans effruiter la terre. Remarquez que nous disons *nourriture* et non pas *éléments*, car parmi les éléments contenus dans les engrais une partie n'est pas immédiatement assimilable et par conséquent ne peut être absorbée que par les récoltes subséquentes.

Ainsi, dans les meilleures conditions de fumures, les plantes mettent au moins trois ans pour absorber le fumier de ferme.

La première année elles en absorbent environ 50 pour cent, la seconde année 30 pour cent, et la troisième année le reste. Quant aux engrais de commerce, la différence est beaucoup plus grande encore, et c'est ici que nous devons engager les cultivateurs à se mettre sur leurs gardes, car il y a azote et azote, de même qu'il y a phosphate et phosphate ; ainsi la valeur agricole de ces éléments varie du simple au décuple. Exemple : l'azote sous forme de nitrates ou de sulfate ammoniacal est immédiatement assimilable, il vaut de 2 50 à 3 francs le kilog, tandis que celui qui est contenu dans le cuir râpé que certains marchands ne se font pas faute d'employer, est complétement inassimilable et ne vaut pas 25 centimes. Il en est de même de la potasse qui, dans les bons engrais, se trouve sous forme de nitrate, de sulfate, de muriate ou chlorure et qui vaut de 75 centimes à 1 franc le kilog, tandis qu'on la rencontre quelquefois sous forme de feldspath, broyée en poudre fine; dans cet état elle est complétement insoluble, par conséquent inassimilable et sans valeur agricole. Comme on le voit par ce simple exposé, avant d'employer un engrais, il faut connaître non-seulement sa teneur, mais encore sa nature ; ce qui n'est pas facile, à moins de s'adresser à une bonne maison, bien connue, et non aux rouleurs qui parcourent en très-grand nombre les campagnes où ils font toujours d'excellentes affaires au détriment des cultivateurs qui, malgré tous les avis, se laissent généralement allécher par le bon marché.

Voici ce que réclament en moyenne, par hectare, les récoltes suivantes :

			Azote	Potasse de soude	Acide Phosphor	Chaux
			k.	k.	k.	k,
Froment	pour 2,000 k.	grains	70	30	35	15
Avoine	» 1,500	»	50	45	15	10
Pommes de terre (1)	» 15,000	tuber.	50	110	30	40
Betteraves	» 50,000	rac.	90	275	40	25
Trèfle et Luzerne (2)	» 6,000	foin.	»	105	35	150
Maïs	» 3,000	grain.	55	50	40	20
Vignes			50	250	90	200
Jardinage			75	60	80	175
Foin de prairie	» 5,000	foin.	130	95	25	40

Comme on le voit, toutes les plantes n'ont pas les mêmes besoins; les unes réclament de l'azote, les autres la potasse, les autres l'acide phosphorique, de même qu'il y en a qui ne prospèrent que dans les terres contenant une notable proportion de calcaire, soit naturellement, soit qu'elle y ait été apportée par le marnage ou le chaulage.

Après de nombreux essais, M. G. Ville est parvenu à déterminer les dominantes d'un certain nombre de plantes dont voici les principales.

Azote. — Froment, — Avoine, — Orge, — Seigle, — Prairies naturelles, — Colza, — Cultures jardinières.

Potasse. — Lin, — Betteraves, — Pommes de terre, — Pois, — Haricots, — Fèves, — Trèfle, — Luzerne, — Sainfoin, — Vesses, — la Vigne.

---

(1) Les fanes contiennent beaucoup de potasse ; on a supposé qu'elles étaient laissées sur le sol.

(2) Le Trèfle, la Luzerne, les Pois, etc. n'ont besoin d'azote que pour se développer dans leur jeunesse, ensuite ils en empruntent partie à l'air, partie dans le sol au moyen des racines.

Acide phosphorique. — Navets, — Turneps, — Maïs, — Canne à sucre, — Sorgho, — Topinambours, — Sarrasin.

Il est bien entendu que par dominante on n'entend pas exclure les autres éléments de fertilisation, mais seulement de ce que les plantes ont une préférence marquée pour l'un des quatre éléments principaux; il s'ensuit que quand bien même on leur donnerait en abondance les trois autres éléments, on n'obtiendrait qu'un résultat incomplet

Comme base nous prendrons le fumier de ferme bien préparé, lequel contient en moyenne et en chiffres ronds, par 1,000 kilog :

Azote 4 kil., potasse et soude 5 kil., acide phosphorique 2 kil.; chaux et magnésie 8 kil.

D'après cela nous voyons que pour obtenir une récolte de 2,000 kil. de Blé en grains, il faudrait employer, en comptant l'absorption à 50 pour 0/0.

Sous le rapport de l'azote. . . . 35,000 kil. de fumier
—   de la potasse.. . 12,000   —
—   de l'acide phos. 35,000   —

Nous ne tenons pas compte de la chaux que l'on peut toujours fournir à la terre directement par le chaulage, le marnage ou le plâtrage, plus économiquement que par les engrais.

Ainsi donc, avec une fumure de 35,000 kil. on peut obtenir une récolte de 25 hectolitre de Blé, sans appauvrir le sol, et il y aura un fort excédant de potasse qui restera en réserve dans la terre.

Mais il n'en est pas de même des récoltes qui ont des dominantes très-tranchées, telle que la Betterave par exemple. Ainsi, pour obtenir 50,000 kil. de Betteraves par hectare, sans appauvrir le sol et en admettant toujours 50 0/0 d'absorption,

Il faudrait pour l'azote. . . . . 45.000 kil. de fumier.
—   la potasse.. . . . . 110.000
—   l'acide phosphorique 40.000

En admettant qu'on emploie 45,000 kil. de fumier, on voit, d'après la teneur de cet engrais, qu'on n'aura mis à la disposition de la récolte que 112 kilog. de potasse, tandis qu'il lui en faut 275 kilog.

Dans ce cas, voici ce qui se passera : ou la récolte sera incomplète malgré l'abondance de la fumure, ce qui arrivera immanquablement si la terre est pauvre en potasse; ou elle appauvrira la terre de la potasse qu'elle y prélèvera, et alors, après quelques années de culture, lorsque toute la potasse assimilable sera absorbée, on sera très-étonné de ne plus obtenir que des produits chétifs, malgré les plus abondantes fumures. C'est ce qui arrive en ce moment dans le Nord où on a abusé de la culture du Lin et de la Betterave, sans rendre au sol la potasse qu'on en enlevait, et c'est aussi ce qui arrive partout dans la culture du Trèfle, de la Luzerne et des autres légumineuses qui enlèvent au sol une grande quantité de potasse qu'on omet de lui restituer. Il en est de même de l'acide phosphorique qu'on enlève toujours sans le restituer.

Ainsi donc, pour nous résumer : en ce qui concerne le fumier de ferme, il est indispensable de le compléter par des matières chimiques lorsque les récoltes qu'on se propose d'obtenir ont des dominantes, et comme le fumier produit dans les fermes n'est jamais suffisant, surtout en ce qui concerne les éléments minéraux, il est bon, pour chaque rotation de culture, de dresser un tableau indiquant ce qu'elle enlèvera à la terre, puis de baser la fumure minimum sur l'un des trois éléments principaux (azote, potasse, acide phosphorique) et de compléter la fumure en ajoutant au fumier les éléments qui lui manquent.

Les engrais commerciaux. — Depuis quelques années le commerce des matières fertilisantes chimiques et organiques a pris une très-grande extension, et il se serait développé bien davantage encore s'il avait toujours été pratiqué d'une manière honnête et loyale; mais les nombreux déboires éprouvés par les cultivateurs les ont découragés et beaucoup hésitent à employer les engrais dits artificiels. Pourtant il convient d'ajouter que, la généralité des cultivateurs trompés ne doivent s'en prendre qu'à eux-mêmes. La presse agricole ne cesse de les engager à se tenir sur leurs gardes et à n'acheter que directement à des maisons connues par leur honorabilité ; elles ne sont pas nombreuses, il est vrai, en comparaison des falsificateurs qui se qualifient de fabricants, mais elles sont néanmoins en mesure de satisfaire à tous les besoins de la culture.

Le plus souvent les cultivateurs demandent la quantité qu'il faut d'un engrais de commerce quelconque, pour remplacer une quantité donnée de fumier. La réponse à cette demande paraît toute simple; elle n'est pourtant pas aussi facile qu'on le suppose. Voici la raison : Pour savoir ce qu'il faut d'engrais artificiel pour remplacer une quantité donnée de fumier normal de ferme, il faut connaître la teneur et la nature de cet engrais. Autrefois le Guano du Pérou provenant des îles Chinchas, était un engrais-type dont la teneur et la nature variaient peu; mais aujourd'hui il n'en est plus ainsi, car la valeur du Guano du Pérou, même celui de provenance directe, varie du simple au triple; on comprend qu'il ne peut plus servir de type et que le cultivateur qui baserait ses calculs sur les anciennes données courrait risque de commettre de graves erreurs.

Nous n'avons donc aujourd'hui pour nous guider que :

1º Les produits chimiques d'une teneur garantie par le vendeur ;

2º Les engrais composés avec des produits chimiques et qui se vendent sur analyse ;

3º Les engrais composées au moyen de produits chimiques et de matières organiques et dont la teneur est également garantie.

Les produits chimiques généralement employés sont : (1)

Sulfate d'ammoniaque. — Ce sel est la plus riche des matières azotées commerciales. A l'état de pureté, il contient 21.21 pour cent d'azote, soit 53 *fois autant que le fumier* de ferme. — Ce sel est souvent falsifié ; ceux de provenance anglaise ne dosent que 19 pour cent d'azote. L'azote qu'il contient est entièrement absorbable par les plantes.

Nitrate de soude. — Il contient dans 100 parties, en moyenne, 15.72 d'azote et 36.47 de soude, soit en azote 39 *fois autant que le fumier*, plus une importante quantité de soude. — Il est souvent falsifié avec des chlorures et des sulfates.

Nitrate de potasse. — Le nitrate de potasse ou salpêtre (azotate de potasse des chimistes) contient dans 100 parties, en moyenne, 13.06 d'azote et 44.38 de potasse ; il vaut donc, au point de vue de l'azote, 33 *fois le fumier* et sous celui de la potasse 89 *fois*. On falsifie ce sel de la même manière que le sel de soude.

Matières organiques. — Elles sont très-variables et entrent dans la fabrication des engrais composés.

La potasse s'obtient, par ordre de solubilité, au moyen du *carbonate de potasse*, du *nitrate de potasse*, du *sulfate de potasse* et du *chlorure de potassium*. Ces deux derniers sont peu solubles et par conséquent peu assimilables.

Enfin le phosphate s'emploie sous forme de phosphate de chaux, de phosphate précipité et de superphosphate. — Le phosphate de chaux ordinaire ou phosphate tri-basique, est peu soluble dans les terres neutres et pas dans les terres calcaires.

Nous ne saurions assez répéter qu'il ne faut acheter des engrais qu'aux maisons connues par leur honorabilité. Voici

---

(1) Ces données sont empruntées au *Guide pour l'achat et l'emploi des engrais chimiques*, par M. H. Joulie.

quelques exemples des risques que les agriculteurs courent en achetant aux commis voyageurs. On vend dans le département de la Drôme, sous le nom d'engrais chimique et au prix de **trente francs** les 100 kil., un engrais qui vaut **trois francs douze centimes**.

. Dans le département du Nord on a vendu sous le nom d'engrais chimique pour la betterave, au prix de **trente-deux** francs les 100 kil., un engrais qui valait en éléments utiles onze francs soixante-trois centimes.

A Roissy (Seine-et-Oise) des cultivateurs ont acheté au prix de **trente-deux francs** les 100 kil. un engrais valant **six francs dix-huit centimes**.

Plusieurs maisons très-honorables, vendent des engrais chimiques composés d'après les données de M.G.Ville. Nous prendrons comme terme de comparaison avec le fumier, l'engrais complet pour la culture des céréales qui contient par 100 kil. 6.50 d'azote nitrique et ammoniacal, 8 kil. potasse, 6.50 acide phosphorique et 17 kil. chaux ; donc 100 kil. de cet engrais qui est complétement assimilable, remplacent pour la récolte de l'année, c'est-à-dire en comptant seulement sur 50 de fumier consommé, 3,250 kil. de fumier, plus un excédant d'acide phosphorique.

Toutefois nous ferons observer que d'après nombreuses expériences, on obtient toujours de meilleurs résultats en employant moitié fumier avec moitié engrais chimique.

Nous pensons qu'avec ces renseignements, les cultivateurs seront parfaitement à même de se fixer sur la nature et la quantité d'engrais qu'ils devront employer pour obtenir de pleines récoltes.

Il nous reste à parler des engrais dits commerciaux qui sont fabriqués avec des matières organiques et des matières minérales. Ici la question est plus difficile, car la valeur de l'engrais dépend non-seulement de la teneur chimique des matériaux employés, mais encore et surtout du mode de fabrication au moyen duquel on les a désagrégés et rendus assimilables. Ainsi, par exemple, si on emploie des os et que l'on se contente de les broyer, on aura un peu d'azote organique et du phosphate de chaux tri-basique, c'est-à-dire presque insoluble dans la majorité des terres, tandis que si on torréfie légèrement les os, puis qu'on les soumette dans des récipients autoclaves à une forte pression de vapeur avec d'autres ingrédiens, on obtiendra de l'azote beaucoup plus assimilable et du phosphate de chaux en poudre impalpable et beaucoup plus soluble. Sous le rapport de la bonne fabrication et de l'honorabilité, nous croyons pouvoir citer tout particulièrement la maison Pichelin-Petit et fils et Cie, à Lamotte-Beuvron (Loir-et-Cher).

Afin d'éviter aux cultivateurs l'embarras des mélanges, cette maison fabrique plusieurs engrais spéciaux d'un type invariable destinés aux principales cultures.

Nous mentionnerons :

1° *L'engrais de la motte*. — Cet engrais remplace l'ancien Guano du Pérou. Il dose 6 à 7 p. 0/0 d'azote nitrique ammoniacal et organique, 14 à 16 p. 0/0 d'acide phosphorique assimilable, et une notable quantité de sels alcalins ; il s'emploie pour la culture des céréales à raison de 2 à 400 kilog. par hectare avec une demi-fumure.

2° *L'engrais Pichelin* B, spécial pour les Betteraves et les plantes qui réclament de la potasse. Il s'emploie comme le précédent.

3° En dehors de ces deux types principaux, la maison Pichelin fabrique des types spéciaux pour la culture des racines, du Maïs, des Vignes, des prairies, etc.

Elle fabrique en outre du superphosphate (phosphate de chaux soluble), de la poudre d'os et exploite en grand les phosphates fossiles.

CHAPITRE II

Assolements. — Rotations ou Cours de culture.

Pris dans un sens rigoureux l'*Assolement* est la division des terres d'une exploitation agricole en autant de cultures différentes ou *soles*, que d'années comprises dans la *rotation complète* ou *Cours de culture*; mais l'usage a rendu ce mot synonyme de rotation et de cours de culture, et l'on emploie indifféremment l'une des trois expressions, bien que réellement l'assolement *est la division de la terre en soles*, tandis que la rotatoin *est l'ordre dans lequel les soles se suivent*.

L'établissement de l'assolement et de la rotation des cultures est une opération des plus importantes, si même elle n'est pas la plus importante d'une exploitation, car d'elle dépend le succès ou la ruine du cultivateur. Elle demande par conséquent non-seulement une étude approfondie de l'Agriculture, mais encore un jugement droit, de la prudence et de la sagacité; de plus elle demande à être étudiée d'un côté au point de vue de la situation et de la nature des terres, de leur agglomération ou de leur division, du climat, des débouchés commerciaux, de la facilité ou de la rareté de la main-d'œuvre, de son prix, des conditions du bail et des capitaux dont on dispose: c'est le point de vue économique. L'autre est basé sur les exigences des végétaux, le prix et la facilité de se procurer des fumiers ou autres engrais. Quoique subordonné au premier, il repose néanmoins sur un principe économique d'une importance capitale, celui de la valeur et du prix de revient des récoltes comme source de bénéfices pour le cultivateur.

Les conditions économiques de l'établissement d'un assolement reposent principalement :

1° Sur la valeur des terres ;

2°   —   des engrais ;

3°   —   de la main-d'œuvre ;

Ainsi, partout où les terres seront de faible valeur et les engrais rares, la *culture extensive* sera la plus économique et par conséquent la plus avantageuse. Par contre, dans les terres de haute valeur, ce sera la culture *intensive* qui deviendra la plus économique. Quand on pourra se procurer l'engrais en quantité et à bas prix, l'assolement devra se baser sur la culture des plantes industrielles et commerciales. En effet, dans les grands centres de population, il est infiniment plus avantageux de produire beaucoup de paille et de fourrages pour vendre sur les marchés, et d'acheter du fumier de ville, que de nourrir et d'entretenir du bétail. Mais, aussitôt qu'on s'éloigne des grands centres, les frais de transport augmentent, et par conséquent la valeur des denrées baisse ; par la même raison celle du fumier augmente. Alors il devient souvent plus avantageux de faire consommer les pailles et les fourrages dans l'exploitation et d'y produire le fumier. C'est, comme on le voit, une question de situation. Dans cette condition, il est généralement avantageux de faire de la culture intensive et industrielle et d'engraisser du bétail.

Assolement biennal. — Cet assolement est basé sur la jachère ; il n'est plus guère pratiqué que dans le Midi. Les terres portent des céréales, ordinairement du Froment, une année et se reposent l'autre ; pendant ce temps les herbes adventices poussent et sont pâturées par les Moutons; puis on y met la charrue afin de faire profiter la terre des influences atmosphériques, et à l'automne on y remet du Blé sans autre engrais que le peu apporté par les Moutons. On comprend qu'un semblable mode de culture ne peut donner que de tristes résultats.

Dans quelques contrées on fait succéder le Maïs au Froment, mais on fume les terres avec le fumier résultant de la récolte de prairies naturelles irriguées, que l'on fait consommer par le bétail. Ce mode n'est guère meilleur que le précédent, par la raison que le fumier qu'on donne généralement en trop minime quantité, ne saurait compenser les éléments minéraux que chaque récolte de céréales enlève à la terre; aussi n'obtient-on en général que de piètres récoltes.

Assolement triennal. — Dans une grande partie de la France, l'assolement triennal règne encore en souverain. Il comprend : 1re année, Blé fumé ; 2e année, Avoine; 3e année, Jachère, en partie utilisée pour les cultures hors d'assolement : Orge, Pommes de terre, OEillette, Lin, Fourrages, etc. La rotation comprend, par conséquent, neuf années dans lesquelles chacune des soles revient trois fois.

Blé.	Avoine	Jachère.
Avoine.	Jachère.	Blé.
Jachère.	Blé.	Avoine,

L'assolement triennal présente le grand inconvénient de ne pas fournir de fourrages ; il tend heureusement à disparaître, ou au moins à se modifier, par l'intercalation de la culture du Trèfle et celle de la Luzerne hors rotation.

L'assolement triennal peut, néanmoins, avoir sa raison d'être lorsque les terres sont très-riches ou situées près des villes ; c'est alors une question de débouchés ou d'engrais. On peut le varier comme suit :

1° 1re année. — Plantes industrielles, Lin, Chanvre, OEillette, etc. fumées.
  2e — Céréales d'hiver.
  3e — Céréales de printemps.

2° 1re année. — Jachère fumée, en partie utilisée par une culture fourragère à végétation rapide.
  2e — Colza ou Navette d'automne.
  3e — Céréales de printemps.

3° 1re année. — Navette de printemps, Moutarde blanche, ou mélanges fourragers à végétation rapide laissant la terre libre de bonne heure.
  2e — Céréales d'automne.
  3e — Céréales de printemps.

4° 1re année. — Pommes de terre ou Betteraves fortement fumées.
  2e — Seigle ou Froment selon la nature des terres avec demi-fumure en couverture.
  3e — Avoine ou Orge.

5° 1re année. — Tabac, Vesces ou Fèves fumés.
  2e — Céréales d'hiver.
  3e — Céréales de printemps.

Cette dernière formule est très en usage dans les terres morcelées de l'Alsace à proximité des villes où l'on peut se procurer du fumier.

Les diverses formules ci-dessus laissent peu de repos à la terre et ne sont avantageuses que lorsqu'on peut se procurer facilement du fumier à un prix raisonnable, et surtout lorsqu'on peut se procurer des bras pour biner les récoltes, car il ne faut pas oublier que la jachère morte, outre qu'elle laisse reposer la terre, permet de la nettoyer, de l'ameublir et d'extirper une quantité de plantes vivaces dont on se débarrasse difficilement en culture courante.

Assolements avec prairies artificielles. — On donne à ces assolements le nom d'*Alternes* ou à cultures alternes, parce que la culture des plantes céréales ou de produits à exporter, alterne avec les récoltes fourragères qui restent dans l'exploitation pour la nourriture du bétail. M. Mathieu de Dombasle a posé, comme suit, les principes de ces assolements :

1° On doit intercaler les récoltes épuisantes et les récoltes améliorantes de manière à entretenir le sol dans le meilleur état de fertilité possible.

2° Les récoltes sarclées doivent revenir assez souvent pour maintenir le terrain bien net de plantes nuisibles. Dans la plupart des circonstances, l'intervalle de quatre ans est le plus long. On l'appelle souvent *Vieille jachère*, parce qu'en effet il en tient lieu dans bien des cas.

2° Le fumier doit toujours être appliqué à la récolte sarclée, parce que les cultures qu'elle reçoit détruisent les mauvaises herbes dont le fumier a apporté les semences ou dont il a favorisé le développement.

4° Les récoltes sarclées doivent recevoir des cultures fréquentes, à la houe à main ou à la houe à cheval, de manière qu'il n'y vienne pas à graine une seule mauvaise herbe.

5° On doit éloigner autant que possible les récoltes du même genre ; on doit, en particulier, éviter de placer deux années de suite deux récoltes de céréales.

6° Le Trèfle, la Luzerne, le Sainfoin et, en général, les plantes à fourrage destinées à être fauchées ou pâturées, doivent être placées dans la céréale qui suit immédiatement la récolte sarclée et fumée.

7° On doit faire choix, pour l'assolement d'un terrain, des plantes qui conviennent le mieux à la nature du sol, et elles doivent être placées dans un vide convenable pour que les cultures préparatoires, que chacune d'elles exige, puissent se donner avec facilité.

8° L'assolement qu'on adopte doit produire assez de fourrage pour nourrir un nombre de bestiaux suffisant pour fournir la quantité d'engrais que l'assolement lui-même exige. On peut cependant s'écarter de cette règle lorsqu'on a d'autres ressources pour la nourriture des animaux dans les prairies naturelles, etc.

9° Le meilleur assolement est celui qui donne le produit net des frais ; le plus considérable, car, en définitive, le *profit* doit toujours être le but de l'agriculture. Mais il faut qu'un bon assolement donne ce produit sans épuiser le sol, et, au contraire, en le maintenant en état d'amélioration.

Comme exemple d'assolements alternes, nous donnons les suivants :

1re Année : Racines fumées.
2e — Céréales de printemps.
3e — Trèfle.
4e — Céréales d'hiver.

Assolements de Grignon :

1re Année : Racines fumées.
2e — Céréales de printemps.
3e — Trèfle.
4e — Céréales d'automne.
5e — Fourrages annuels.
6e — Colza avec demi-fumure.
7e — Céréales d'automne.
8e — Luzerne.

Comme on le voit, les assolements peuvent et même doivent varier à l'infini : c'est au cultivateur intelligent à combiner celui qui est le plus profitable. Nous les engageons seulement à ne pas agir à la légère. Comme nous l'avons dit en commençant : l'adoption d'un assolement est chose très-sérieuse et on ne doit le faire qu'après avoir pesé le pour et le contre.

Assolement et alternat avec prairies temporaires à base de graminées.—Il est parfaitement reconnu que certaines plantes ont une antipathie à se succéder à elles-mêmes, c'est un fait qu'on ne peut nier ; que toutes les plantes prélèvent dans le sol les éléments minéraux dont elles sont constituées et que ces éléments varient de quantité et de nature dans les différents végétaux ; de là nécessité d'alterner la culture et de faire suivre chaque plante par une autre qui n'a pas les mêmes besoins ; c'est ce qu'on appelle l'*Alternat*.

Or, dans les terres de médiocre valeur, lorsque la main-d'œuvre est rare, que les ouvriers sont peu actifs, ce qui est général dans les contrées pauvres, et que le fumier n'est pas abondant, il est très-difficile d'obtenir de pleines récoltes, lorsque toutes les terres dont on dispose sont en *culture active*, c'est-à-dire labourées annuellement; de là *l'assolement avec fourrages vivaces en rotation*, que l'on pourrait appeler culture pastorale mixte, pour laquelle le célèbre agronome Schwertz a posé les règles suivantes :

1º Les céréales réussissent d'autant mieux que la terre est plus parfaitement couverte de gazons, ou, en d'autres termes, a été longtemps en pâturage.

2º La terre se regazonne d'autant plus mal, qu'elle a porté pendant un plus grand nombre d'années des récoltes épuisantes;

3º Le champ doit rester en pâturage d'autant plus longtemps qu'il est en mauvais état, *et vice versâ*;

4º La culture peut durer d'autant plus que l'on fume mieux ;

5º Le terrain en friche s'améliore plus par la pâture que lorsqu'on le fauche ;

6º Il s'améliore mieux lorsqu'on y laisse les bêtes la nuit et le jour ;

7º Ce n'est pas seulement la propension d'un terrain à produire de la pâture ou son organisation physique, qui doit faire décider si le nombre d'années qu'il reste en friche sera augmenté ou diminué, mais aussi le rapport qui existe entre le profit net provenant de la culture et celui que rend le bétail ;

8º La meilleure manière de commencer le défrichement est de semer d'abord de l'Avoine à sa disposition, et, lors-

4

qu'on en a, de débuter par une Jachère complète et de fumer pour grains d'hiver.

L'*Assolement avec pâturage* convient particulièrement dans les terres pauvres ou montagneuses. Par son application, nous avons obtenu les meilleurs résultats. Ainsi, dans une métairie de 120 hectares, qui n'avait jamais pu produire assez pour nourrir le métayer et son personnel, nous avons pu, en peu d'années, doubler le produit en grains et tripler le bétail. Voici comment nous avons opéré : D'abord nous avons semé en bois 60 hectares des plus mauvaises terres dans lesquelles le métayer récoltait rarement la semence qu'il y mettait et se montrait très-satisfait lorsqu'il la doublait. Voici l'assolement que nous avions adopté :

1re Sole. — *Récoltes sarclées avec fumure.* — Carottes, Fourrages, Betteraves fourragères, Pommes de terre, Colza.

2e Sole. — *Céréales d'hiver avec demi-fumure* de fumier, ou engrais de commerce.—Seigle, avec phosphate dans les terres non encore marnées ou chaulées, Froment, Méteil, Avoine d'hiver, avec Trèfle et Ray-grass d'Italie ou Trèfle incarnat.

3e Sole. — *Fourrage.* — Récolte du Trèfle, 1re coupe; enfouissement de la seconde si elle était prise par la sécheresse; Navets ou Raves en récolte dérobée.

4e Sole. — *Orge ou Avoine de printemps* avec semis de prairie.

5e Sole. — *Prairie et Topinambours,* durant trois, quatre ou cinq ans. — 1re année coupée et fanée. Les suivantes pâturées sur place, arrosées autant que possible avec du purin. — Les Topinambours arrachés la première année, les suivantes considérés comme fourrage et pâturés par les Porcs à l'automne et pendant l'hiver.

Comme on le voit, cet assolement est basé sur la production fourragère; il a permis de réduire considérablement les frais de culture et d'augmenter, dans d'énormes proportions, l'élevage du bétail, tout en augmentant la production des céréales.

CHAPITRE III.

Des Cultures sarclées.

On donne le nom de cultures sarclées à la culture de certaines plantes qui, pendant le cours de leur végétation, ont
besoin d'un ou de plusieurs sarclages pour détruire les
mauvaises herbes et aérer le sol. Ces cultures commmencent
ordinairement la rotation et reçoivent la plus forte partie de
la fumure ; les principales sont : les *Betteraves, Pommes de
terre, Colza, Choux, Rutabagas, Raves, Navets, Carottes
fourragères.*

On cultive la Betterave pour l'industrie sucrière, la fabrication de l'alcool ou la nourriture des animaux. Dans le premier cas, on emploie les diverses variétés de *Betteraves à sucre*, dans le second, il y a souvent avantage à cultiver une variété moins sucrée, mais plus
productive, et dans le troisième cas, il faut donner
la préférence aux variétés qui, à densité égale, donnent les
plus forts produits.

Parmi les meilleures, nous citerons la *disette
géante*, la *globe jaune*, la *jaune ovoïde des barres*, etc.
Les Betteraves exigent un sol profond, bien ameubli,
bien fumé ou naturellement fertile, plutôt léger que trop
fort ; il est bon que la terre soit préparée à l'automne.

Le semis se fait en avril, en lignes distantes, en moyenne, de 50 cent. On place les plantes à 40 cent. les unes des autres lorsqu'on les cultive pour la nourriture des animaux et beaucoup plus près lorsqu'on cultive pour l'industrie.

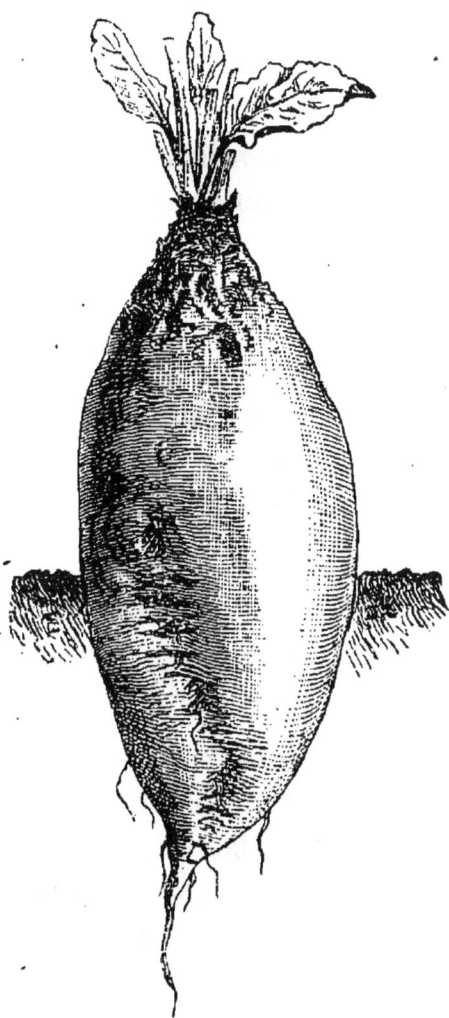

Fig. 1. Betterave fourragère.

On sème au semoir à raison de 5 à 6 kilog. de graine à l'hectare. Pour la sucrerie, on emploie de 12 à 15 kilog.

Aussitôt que la plante est levée suffisamment pour distinguer les lignes, on procède à un premier nettoyage, on donne une seconde façon lorsque la plante atteint de 6 à 8 cent. et on profite, autant que possible, d'un temps frais pour les démarier et pour les placer à la distance voulue. Cette opération doit se faire avec beaucoup de soin.

L'arrachage des feuilles est une opération nuisible au rendement, toutes les expériences tendent à la condamner.

L'arrachage se fait en octobre ou novembre; il est bon de le retarder le plus possible, pourtant il ne faut pas se laisser surprendre par la gelée à laquelle la betterave est très-sensible — on conserve la betterave en silos. — Le produit varie de 20,000 à 100,000 kilos et plus à l'hectare.

Pommes de terre. — La Pomme de terre est devenue un produit de première nécessité; après le froment c'est assurément le plus indispensable pour la classe moyenne et ouvrière. Cette plante exige une terre très ameublie, plutôt légère que forte et son produit est en rapport avec la qualité du sol et aussi avec les soins de culture.

On en cultive un très-grand nombre de variétés, les unes potagères, les autres de moyenne ou de grande culture, hâtives ou tardives; mais, si on en excepte deux ou trois variétés potagères, toutes exigent les mêmes soins de culture.

Cette solanée exige des engrais potassiques. Le baron Liebig cite diverses expériences faites en vue de s'assurer des relations qui existent entre le sol, les engrais et la nature des principes minéraux que cette plante réclame, et il a obtenu :

Sans engrais . . . . 2500 tubercules.
Avec engrais ammoniacal. . 3050   —
Avec potasse et phosphates . 7201   —

La meilleure époque pour la plantation est le mois de mars, plus tard le produit diminue ainsi que la qualité; c'est une grave erreur d'attendre jusqu'en mai pour planter.

Le choix de la semence est aussi une opération très-importante, que les cultivateurs sont trop portés à négliger; on comprend que, lorsqu'on a une certaine quantité d'hectares à ensemencer, on ne puisse vérifier une à une toutes les Pommes de terre, mais ce qu'on ne peut faire en grande culture, peut être fait en petite culture et encore mieux en jardinage. D'abord il faut prendre pour semence des tubercules d'une bonne moyenne grosseur; les petites produisent moins, même lorsqu'on en met plusieurs ensemble et l'emploi des grosses devient onéreux; pourtant, lorsqu'on n'a pas le choix et qu'on doit employer de gros tubercules, on peut les couper en deux, *dans le sens de la longueur et non transversalement* comme on a généralement l'habitude de le faire. Ensuite, l'essentiel est de s'assurer si chaque tubercule a des yeux bien formés; il faut rejeter les yeux filandreux, c'est-à-dire fins, qui le plus souvent avortent ou ne produisent que peu.

La plantation se fait à la charrue ou à la houe, suivant son importance; on vient même d'inventer un semoir qui semble permettre d'opérer plus vite. Les lignes sont distantes de deux raies de charrues, soit de 55 à 65 centimètres, et les tubercules sont placés à 40 cent. environ l'un de l'autre ; au fond de la raie, lorsqu'on ne lui donne que 8 à 10 cent. de profondeur, ou à demi-raie, lorsque le sillon est plus profond.

Aussitôt qu'on peut distinguer les lignes, on donne une première façon pour tenir la terre bien meuble, et lorsque le plant a de 10 à 15 centimètres on donne une seconde façon et on procède au buttage avec la houe ou avec le butteur à cheval.

On ne doit arracher les Pommes de terre que lorsque les fanes sont complétement mortes, et ne rentrer les tubercules qu'après les avoir laissés complétement ressuyer (1).

Le Colza. — Cette plante est cultivée pour ses graines dont on retire de l'huile. On sème le Colza à la volée et dans ce cas ce n'est plus une *culture sarclée* proprement dite, puisque la terre ne reçoit aucune façon, ou en pépinière et on le repique à la charrue ou au plantoir.

---

(1) Voir le petit volume publié par M. Ed. Vianne, sous le titre : *Pommes de terre,* leur culture emploi et conservation. Prix : 1.25.

On en cultive deux variétés : le Colza d'hiver ou Colza froid, et le Colza de mars ou Colza chaud. Le premier produit davantage et ses graines sont plus grasses. C'est une plante des contrées fraîches ; elle supporte mal les sécheresses et les chaleurs brûlantes nuisent à la grenaison ; elle vient bien dans les terres un peu fortes pourvu qu'elles soient saines et convenablement ameublies; elle craint par dessus tout l'humidité stagnante.

C'est une plante épuisante à qui il faut beaucoup d'engrais; il ne faudra pas l'oublier lorsqu'on la fera suivre par une autre culture, qui, elle aussi, reclame une bonne fertilité.

Comme nous l'avons dit, on sème en place ou en pépinière. Selon les contrées, les semis se font du commencement d'août à la mi-septembre ; dans le nord ils doivent être terminés au plus tard pour le 15 août.

Les semis en place se font à la volée ou en lignes; on emploie de 4 à 8 litres par hectare. Lorsque le semis est un peu épais, les jeunes plantes résistent mieux aux attaques des pucerons, mais, par contre, elles sont sujettes à s'étioler et il est nécessaire de les éclaircir une ou deux fois.

Lorsqu'on sème en pépinière, on répand la semence à la volée, à raison de 8 à 10 litres à l'hectare, sur une terre bien préparée et fortement fertilisée. La surface de la pépinière varie nécessairement suivant la réussite du semis; en moyenne elle donne de quoi planter de 5 à 6 fois sa surface; en pratique, on compte qu'il faut un hectare de pépinière par cinq hectares à planter.

La transplantation a lieu vers la fin de septembre ou dans le courant d'octobre, quelquefois même au commencement de novembre (mais c'est trop tard pour la région du Nord ou de l'Ouest), sur une terre bien nette, soit qu'elle ait été conduite en jachère ou qu'elle ait produit une récolte après laquelle on aura eu soin de la déchauner afin de l'ameublir et de détruire les mauvaises herbes.

La première opération consiste à arracher la plante de la pépinière. Cette opération se fait ordinairement à la main et avec assez de facilité lorsque le sol est humide, mais lorsqu'il est sec et dur il faut nécessairement se servir d'une houe fourchue ou d'une bêche pour les déchausser et les soulever. On réunit les plantes par paquets et on les lie avec un lien de paille ; on a soin de les placer à l'ombre et même de les couvrir. On ne coupe ni les racines ni les feuilles et autant que possible on ne se sert que du plant, court, trapu et bien développé.

Fig. 2.

Houe fourchue.

On plante de plusieurs manières : pour les petites surfaces, on se sert du plantoir simple ou double. Ce système est excellent pour les terres légères; il offre des inconvénients dans celles qui sont caillouteuses.

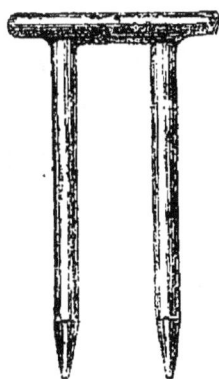

Dans les grandes cultures on plante et on recouvre à la charrue, et par ce moyen on fait de 50 à 60 ares par jour. On espace les lignes de 55 à 65 centimètres et on place le plant en moyenne à 30 centimètres. Lorsque le plant est repris, on s'occupe du creusement des rigoles (*dérayures*) qui séparent les planches et on dépose la terre entre

Fig. 3.

Plantoir double.

les plants en la laissant en mottes; elle sert d'abri pendant l'hiver et au printemps on la retrouve parfaitement ameublie. Les cultures d'entretien consistent, pour le Colza semé en place, à l'éclaircissage, au démariage et à la transplantation de plantes dans les places vides; pour le Colza repiqué, ils se bornent à deux ou trois binages.

A l'époque de la floraison on a l'habitude dans quelques contrées de supprimer la tige principale (*écimer*); les avantages de cette opération sont très contestés.

Le jaunissement de la tige et des feuilles indiquent la maturité; on doit commencer la coupe des tiges lorsque les premières siliques sont brunes et que les graines sont mûres; si on attendait pour faire la récolte la maturité complète des graines on en perdrait une très grande partie et la meilleure. On laisse les javelles sur le sol jusqua la complète maturité des siliques, ce qui demande ordinairement 6 à 8 jours, puis on les transporte au moyen de toiles sur une aire spéciale où s'opère le battage. En Flandre on ne laisse les javelles que de 24 à 48 heures, puis on les met en meules; par ce moyen la récolte est immédiatement abritée.

Les Choux. — La culture des Choux fourragers est confinée dans l'Ouest et le Nord de la France. Les variétés principales sont le *Chou branchu du Poitou*, le *Chou cavalier*, le *Chou moellier* et le *Chou caulet* ou Chou de Flandre. Cette culture est d'un grand secours pour l'entretien des bêtes bovines, elle fait la fortune des cultivateurs du Poitou. Le Chou branchu et le Chou cavalier supportent assez bien l'hiver dans le Centre et l'Ouest de la France, pourvu que le terrain soit sain; le Chou moellier est plus délicat, pourtant son grand produit le fait rechercher par les cultivateurs de la Vendée; quant au Choux caulet c'est la variété préférée dans le Nord et dans l'Est.

On sème les Choux à plusieurs époques de l'année, selon que l'on peut disposer du terrain, et aussi selon l'époque où l'on veut récolter. Semés en mars on peut transplanter en juin, et on récolte les feuilles depuis septembre jusqu'en novembre. Semés en mai ou en juin on repique en août ou septembre pour obtenir la dépouille en hiver et au commencement du printemps suivant. On peut aussi semer pendant la deuxième quinzaine d'août pour repiquer au commencement de novembre, lorsque le plant est encore très-petit; ces plantes supportent mieux la gelée que ceux repiqués en août et septembre. On obtient les produits depuis les premiers jours de juin jusque vers la fin d'août.

Les semis se font en pépinière, sur un terrain bien ameubli et fortement fertilisé. En pratique, pour un hectare de culture devant contenir 20,000 plants, on fait une pépinière de 10 ares et on emploie un demi-litre de graines.

Pour obtenir une bonne récolte, il faut n'employer que du bon plant. Lorsque celui-ci a été ravagé par l'Altise, on peut réparer le dégât par le *picotage*. Pour cela, lorsque les plantes ont atteint 6 à 8 centimètres de hauteur, on arrache les plus vigoureuses et on les replante dans une terre de choix. Par ce moyen, la pépinière se trouve éclaircie, et les plantes qui restent reprennent de la vigueur.

Pour la transplantation, on choisit, autant que possible, un jour pluvieux ; lorsque la température est sèche, pour faciliter la reprise du plant, on trempe les racines dans un mélange de bouse de Vache et de terre délayée ; puis on fait un trou, on y place la plante, on remplit le trou à moitié, et on y verse un demi-litre d'eau. Ce procédé allonge le travail, mais il assure la reprise. Les soins de culture consistent à chasser les Chenilles qui dévorent les feuilles, et en deux ou trois binages pour tenir la terre meuble et propre.

La récolte comprend : l'effeuillage d'automne qui commence en septembre et se continue jusqu'aux gelées ; — l'enlèvement des pieds pendant l'hiver ; — l'effeuillage du printemps ; — l'enlèvement des pieds en fleurs.

Il faut avoir soin de ne prendre en commençant que deux ou trois feuilles par pied, et ne pas arracher les feuilles en les tirant de haut en bas comme beaucoup de femmes le font. On doit rompre la feuille à quelques centimètres de la tige, de manière à éviter de découvrir les yeux qui doivent plus tard se développer.

Le produit peut atteindre de 40 à 45,000 kilogrammes de fourrage vert à l'hectare et même beaucoup plus (1).

Navets, Raves et Rutabagas. — Les Navets de culture, c'est-à-dire les variétés cultivées en grand pour la nourriture du bétail sont principalement la *Rave d'Auvergne*, la *Rave du Limousin*, le *Navet du Palatinat*, le *Navet de Nordfolk*. On peut ranger dans la même catégorie, au point de vue cultural, quoique fournissant une meilleure nourriture, le *Rutabagas* ou Navet de Suède et le *Chou-Rave*.

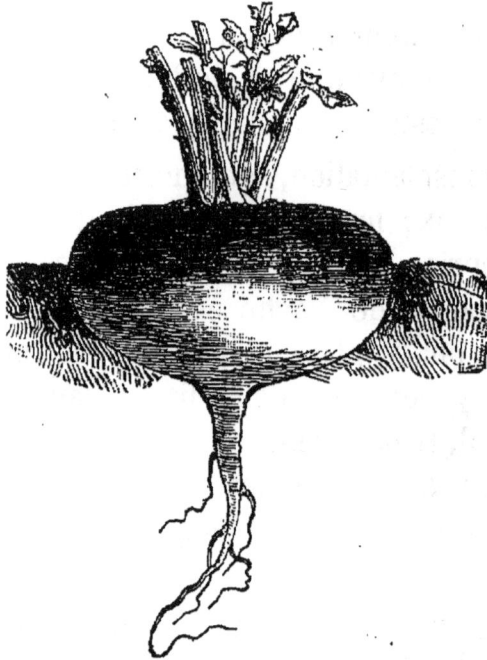

Fig. 4. Rave d'Auvergne.

Ces crucifères se cultivent en culture principale, surtou les Rutabagas et les Choux-Raves, ou en culture dérobée après une culture fourragère ou une céréale. Les Navets aimen une terre légèr, profonde, bien ameublie, ils craignent

---

(1) Voir pour plus de détails : *Prairies artificielles*. par Ed. Vianne. Un gros volume in 8° illustré, 8 francs.

l'humidité stagnante ; en Angleterre on les cultive en récolte principale, mais en France cette culture est remplacée par celle de la Betterave, et on ne les cultive qu'en récolte dérobée sur des terres ayant produit une récolte et que l'on se contente de déchaumer, ou de donner un léger labour. On les retire de terre au mois de novembre et on obtient souvent de 12,000 à 40,000 kilog. de racine à l'hectare. Ces racines sont très-aqueuses et peu nutritives, mais elles forment une nourriture très-saine qui favorise plus la sécrétion du lait que la production de la viande.

Le Rutabaga est de beaucoup plus nutritif. En Angleterre on estime que 50 kilog. de ce fourrage valent 100 kilog. de Turneps. Sa culture est peu étendue, et c'est un tort, car il donne souvent un très-bon produit.

On sème le Rutabaga comme le Chou en pépinière et on place les pieds à 60 centimètres en tous sens ; il demande du reste la même culture que les Betteraves. Il en est de même du Chou-Rave.

Carottes. — La carotte présente plusieurs variétés, mais au point de vue de la culture fourragère on ne cultive guère la *Blanche à collet vert* très-productive, longue, très-grosse sortant de terre. — La *Blanche des Vosges*, un peu plus courte que la précédente et moins productive ; — la *Rouge longue de Flandre*, d'un jaune rouge, s'enfonçant en terre, productive et de bonne qualité.

La Carotte fourragère demande un terrain très-fertile, meuble et plutôt sableux qu'argileux.

On sème ordinairement à la volée, mais c'est un tort ; aujourd'hui que les semoirs sont assez répandus mieux vaut semer en lignes espacées de 30 à 40 centimètres. On emploie de 3 à 5 kil. de graines par hectare et, quel que soit le mode qu'on emploie, il faut, avant de répandre la graine, la froisser fortement entre les mains afin de la rendre lisse ; il est même bon d'y ajouter ensuite une certaine quantité de cendres ou de terre pulvérisée, bien sèche.

On donne un premier binage dès que les lignes peuvent se distinguer et que la terre commence à se couvrir d'herbes, puis un second lorsque la plante a de 4 à 5 centimètres de hauteur ; c'est à ce moment qu'on s'occupe du démariage : on place les plantes à 20 centimètres d'écartement. Il est souvent nécessaire de donner une troisième façon. Lorsque par suite de sécheresse la végétation a éprouvé un temps d'arrêt pendant l'été, les Carottes reprennent de l'accroissement à l'automne, la récolte doit donc se faire à l'automne le plus tard possible, d'autant plus que cette racine supporte sans grand inconvénient de 5 à 6° de froid. On les conserve en silos, dans des celliers, ou à la surface du sol, en tas que l'on a soin de couvrir d'abord avec un lit de paille, ensuite avec de la terre.

Le rendement est très-variable : on considère 35,000 kil. de racines et 12,000 kil. de feuilles pour le bétail, comme une bonne moyenne.

Les Céréales.

Le Maïs. — Nous plaçons le Maïs en tête de la culture des Céréales, parce que depuis quelques années l'usage s'est répandu de le cultiver comme plante fourragère, et que, le plaçant généralement en lignes afin de pouvoir facilement le biner et le sarcler, il peut être considéré comme une culture sarclée. On en connait un très-grand nombre de variétés, les unes grandes, les autres petites, hâtives ou tardives ; c'est au cultivateur de choisir celle qui convient le mieux à son sol et à son climat.

Le Maïs ne prospère que dans les terres fertiles, profondes, consistantes, mais meubles, fraîches sans être trop humides.

Il est très-sensible au froid et ne réussit bien que dans les contrées où les variations de température ne sont pas trop brusques, surtout lorsqu'on le cultive pour son grain. Cultivé comme plante fourragère il réussit très-bien même dans le Nord.

On place souvent le Maïs au début de la rotation, car il lui faut de fortes fumures et une bonne préparation de la terre. Dans le Midi, on le sème en avril, mais dans le Nord, il faut attendre le courant de mai, et lorsqu'on le cultive pour fourrage, on peut continuer le semis jusqu'à la mi-juillet. On sème en lignes espacées de 30 à 40 et même 45 centimètres et on laisse la même distance entre les plantes un peu plus ou un peu moins espacées, selon qu'on emploie de grandes ou de petites variétés. On emploie dans la culture granifère pour le semis en lignes de 14 à 25 kilog. de graines, à la volée de 70 kil. à l'hectare.

Pour la culture fourragère on sème également en lignes ou à la volée. Dans le premier cas, on emploie 70 à 100 kil. de graines, dans le second de 100 à 150 kilog. et même jusqu'à 200 kilogrammes à l'hectare. On enterre la semence de 2 à 6 centimètres de profondeur.

Les soins de culture consistent en une première façon qu'on donne lorsque les plantes ont de 4 à 5 feuilles. On profite de ce premier travail pour arracher le plant là où il y en a de trop et pour resemer dans les vides. Dans le courant de l'été on donne un second et même un troisième binage et un buttage, ce qui est très-favorable pour la consolidation des pieds et le développement des racines adventices.

La récolte du grain se fait lorsque les enveloppes qui entourent les épis commencent à se dessécher : on détache les épis des tiges, on les découvre en retroussant les enveloppes et on les place sur une aire unie exposée au soleil. Quelquefois on les fait passer au four pour les faire sécher complètement, mais cette méthode présente plusieurs inconvénients et ne doit être employée qu'à la dernière extrémité ou lorsque le temps est très-humide. Pour égrener, on se sert aujourd'hui généralement d'un instrument appelé *égreneur de Maïs* qui permet de faire vite et bien. Un des plus parfaits est celui construit par MM. Carolis et fils de Toulouse.

La production du Maïs est souvent considérable, elle dépasse quelquefois 75 hectolitres à l'hectare.

Pour la culture fourragère on emploie de préférence le *Maïs géant* dit *Caragua* et on obtient de 75,000 à 150,000 kilogrammes de fourrage vert à l'hectare. On le coupe à mesure des besoins, et lorsque les froids approchent on coupe le tout et on le conserve en silos.

Le Froment. — Le Froment comprend plusieurs espèces et un très-grand nombre de variétés; ce sont d'abord les Blés tendres et les Blés durs, — les Blés d'automne sans barbe et les Blés barbus; — les Blés barbus et ceux sans barbe, de printemps, enfin les Blés vêtus ou *Epeautres*, dont la culture est peu étendue et tend à disparaître à mesure que l'agriculture progresse.

Notre cadre ne nous permet pas d'entrer dans des détails sur la valeur des différentes variétés. Nous recommanderons seulement aux cultivateurs, de n'adopter que les variétés nouvelles qu'après essais, car telle variété très-favorable dans une contrée, présente souvent de graves inconvénients dans une autre; il faut tenir compte d'abord de la rusticité, puis de la production et des exigences, ensuite viennent les considérations particulières. Ainsi, dans les terres où la verse est à craindre, il faut donner la préférence aux variétés à paille raide, etc.

Le Froment ne donne de bons résultats que dans les terres argilo-siliceuses-calcaires, assez fertiles et un peu fraîches sans être humides ; il craint les élévations brusques de température ; surtout au moment de la grenaison ainsi, souvent, dans le centre de la France, le grain *est échaudé et comme brulé* par le soleil, il en est de même en Afrique, lorsque au moment de maturation les grains sont saisis par une chaleur trop vive. Le Froment mûrit dans toute la France, dans le Midi il est cultivé jusqu'à 1,200 à 1,500 mètres d'altitude, tandis qu'en Angleterre il ne donne plus de profit, d'après Sinclair, passé 200 mètres d'altitude.

Semé en terre saine et une fois bien enraciné, il supporte les plus basses températures de notre climat, surtout lorsqu'il est légèrement couvert de neige, mais dans les terres très-humides il est sujet à geler, principalement lorsqu'il est exposé au Sud et s'il survient alternativement des gels et des dégels, il faut pour atténuer ce grave inconvénient surveiller l'écoulement des eaux pluviales et assainir le sol par des rigoles profondes.

Dans l'assolement triennal le Blé suit immédiatement la jachère fumée, dans le système alterne il suit la récolte sarclée ou une récolte fourragère. Il veut une terre propre, saine, meuble, mais suffisamment tassée pour qu'il n'y existe pas de creux ; on sème les variétés d'automne de la mi-septembre à la fin novembre, selon les climats et la nature des terres ; l'expérience est le seul guide, car, telle terre demande à être emblavée de bonne heure, tandis que telle autre peut sans inconvénient l'être tardivement sans que jusqu'à ce jour la science ait pu découvrir la cause de ce qui paraît être une anomalie.

On doit porter un soin particulier au choix de la semence et n'employer que du grain luisant, lourd, bien plein; le volume importe peu. Il est avantageux de renouveler la semence tous les deux ans.

Le Froment est très-sujet à la carie ; pour l'éviter on fait subir à la semence une préparation particulière à laquelle on a donné le nom de *chaulage* ou sulfatage : le moyen le plus simple et qui en même temps donne les meilleurs résultats, est l'immersion dans une solution de *sulfate de cuivre* (vitriol bleu). Voici comment on opère : on fait dissoudre 100 à 125 grammes de sulfate de cuivre dans la quantité d'eau nécessaire pour bien mouiller un hectolitre de Blé, puis, lorsque le sel est fondu, on jette le Blé dans la dissolution et on le remue de manière à ce que le tout soit bien humecté, puis au bout de 40 à 45 minutes on le retire et on le fait sécher pour l'employer.

Le semis se fait à la volée ou mieux au semoir, en lignes espacées de 16 centimètres en moyenne ; dans le premier cas on emploie de 1,60 à 2 hectolitres de semence par hectare, on recouvre par un hersage croisé ou mieux avec le scarificateur. Avec le semoir on n'emploie que de un hectolitre à 1 hect. 25. Après le semis il est bon, surtout si la terre est sèche, de passer le rouleau afin de tasser la terre sur la semence; il faut aussi pendant l'hiver surveiller attentivement les raies d'égouttement. Au printemps un hersage et un coup de rouleau font grand bien à la plante, qu'ils renchaussent et raffermissent.

La récolte ou la moisson doit se faire lorsque l'épi est encore un peu vert, sauf pour les parties que l'on conserve pour semence. On coupe à la faucille, à la faux ou à la moissonneuse mécanique et on fait des javelles d'une demi-gerbe que l'on rentre de 24 à 48 heures et même plusieurs jours après la coupe, selon le temps, la maturité du grain et le plus ou moins d'herbes qui se trouvent dans le pied de la gerbe. Dans le Nord, l'Est et l'Ouest, on a l'excellente habitude de couper le Blé *sur le vert* et de le mettre immédiatement en moyettes, où il murit, *prend de la main* et se trouve complétement à l'abri des intempéries.

La production moyenne de la France est de 14 hectolitres

environ par hectare, dans le Nord on obtient souvent 40 hectolitres. Le battage se fait au fléau en petite culture, et à la machine dans la moyenne et grande culture.

Seigle. — Le Seigle est la céréale des terres siliceuses pauvres, des micaschistes feuilletées, des grès pulvérisés, etc., qu'on appelle dans le Midi et dans le haut plateau du Centre *Ségalas* et dans le reste de la France, terres à Seigle. Cette graminée est très-rustique, peu exigeante et c'est une des plantes qui rend le mieux les avances qu'on lui fait : elle vient bien dans les terres où le calcaire manque, pourvu qu'on lui donne un peu de phosphate de chaux.

On sème le Seigle sans aucune préparation, ordinairement vers la fin d'août ou le courant de septembre, à la volée; on emploie 2 hectolitres de semence à l'hectare et on couvre la semence par un hersage énergique ou mieux par un léger labour. Les soins de culture pendant la végétation se bornent à l'arrachage des grandes plantes adventices.

La récolte se fait avant celle du Blé, et le produit par hectare est de 20 à 30 hectolitres pesant de 70 à 75 kilogrammes.

On cultive aussi le Seigle comme plante fourragère hâtive; il faut alors semer beaucoup plus épais et ne faire cette culture que sur des terres fertiles.

Orge. — On cultive différentes variétés d'Orge, les unes d'*hiver* les autres de *printemps*; les premières résistent aux gelées, même dans le Nord, et sont connues sous le nom d'*Escourgeon*; les autres sont plus délicates et ne peuvent être semées qu'au printemps après les froids. Les plus recommandables sont l'*Escourgeon d'hiver* qui donne du grain très-estimé dans la brasserie ; l'*Orge à six rangs* ou *Orge céleste*; cette variété est très-productive, donne une paille douce et abondante, et mérite d'être plus connue ; on la cultive avec avantage comme plante fourragère ; *Orge à deux rangs* ou *Orge chevalier,* c'est la meilleure pour la brasserie qui paie les belles qualités à un prix très-élevé.

L'orge, grâce à sa promptitude de végétation, se cultive dans les climats les plus divers ; on la trouve depuis l'Egypte jusque dans les régions presque glaciales sous le 67e degré de latitude.

Elle réclame une terre meuble bien préparée; lorsqu'on la fume, il faut employer des engrais à décomposition rapide afin que la plante puisse en profiter.

Il faut semer de bonne heure et non pas attendre le mois de mai comme on le fait généralement; on sème à la volée et on emploie de 225 à 400 litres de semence par hectare; les petites terres réclament un ensemencement plus épais que les bonnes.

La récolte se fait comme les autres céréales un peu avant la maturité ; on obtient une orge d'hiver de 30 à 40 hectolitres par hectare et un orge de printemps de 20 à 30 hectolitres. L'orge pèse de 60 à 65 kilog. l'hectolitre, le rapport du grain à la paille est comme 1 : 2, c'est-à-dire que 100 kil. de grain donnent 200 kil. de paille.

Avoines. — On cultive l'*Avoine d'hiver* et l'*Avoine de printemps.* La première, à grains blanc-jaunâtre, lourde et de bonne qualité, se sème à l'automne; elle ne réussit convenablement que dans le Midi et l'Ouest ; on en sème aussi dans le Centre, mais elle y gèle en partie, une année sur trois.

En *Avoine de printemps* on cultive diverses variétés, les unes jaunes, les autres grises ou noires. L'Avoine noire est la plus estimée et la plus nutritive pour les chevaux. De même que l'Orge, l'Avoine par sa végétation rapide peut être cultivée dans les climats les plus variés, elle vient dans toutes les terres et produit en raison de leur fertilité. C'est une des plantes qui paie le mieux le fumier qu'on lui donne.

On sème l'Avoine à la volée à raison de 3 hectolitres par hectare dans les bonnes terres, 4 hectolitres dans les mauvaises; on recouvre à la herse et on passe le rouleau lorsque la jeune plante est levée, afin de raffermir la terre et aussi pour casser la croûte superficielle qui s'y est formée; il faut semer l'avoine de printemps en février ou en mars, ou en avril dans le Nord.

Le poids de cette graine varie de 45 à 50 kilog. par hectolitre. Dans le Centre et dans les pays pauvres la récolte n'est souvent que d'une vingtaine d'hectolitres à l'hectare, dans le Nord elle est de 60 hectolitres et atteint 100 hectolitres dans les bonnes terres.

Plantes fourragères

Trèfles, Luzernes, Sainfoin.

On cultive le *Trèfle incarnat*, nommé *Faouch* ou *Trèfle d'Angleterre*, le *Trèfle violet*, *Trèfle rouge* ou *Trèfle de Hollande* et le *Trèfle blanc* ou *coucou*.

Trèfle incarnat ou Farouch. — Se cultive pour être mangé en vert; séché il ne donne qu'un mauvais fourrage. On le sème *sur chaume* après un simple coup de scarificateur ou un labour *très-léger*, à la volée, à raison de 20 à 25 kilog. de graines par hectare; on couvre la semence à la herse, et on passe le rouleau.

Le Trèfle incarnat craint plus l'eau que le froid, il continue à végéter pendant l'hiver aussitôt que la température se radoucit, et pourvu que la terre soit saine. — Il est d'une dixaine de jours plus hâtif que la Luzerne.

Trèfle violet ou Trèfle de Hollande. — Le Trèfle violet vient bien dans les terres à froment, pourvu qu'on ne l'y fasse revenir que tous les 8 à 10 ans. On le sème au premier printemps, quelquefois sur la neige, dans un Blé, une Orge ou une Avoine. On le sème à la volée et on emploie en moyenne 15 kilog. de graines à l'hectare ; on recouvre par un léger coup de herse ou seulement par un coup de rouleau. Le Trèfle violet se cultive comme plante bi ou trisannuelle, la graine se prend sur la seconde coupe.

Luzerne. — La grande Luzerne (*Medicago sativa*) peut être considérée comme la meilleure et la plus productive de nos plantes fourragères ; elle vient dans toutes les terres de moyenne ténacité pourvu qu'elles soient saines et qu'elles contiennent une certaine quantité de calcaire. Elle exige une terre bien préparée et profondément défoncée. Dans le Nord et la partie moyenne de la France, on la sème au printemps, seule ou avec une demi emblave d'Orge ou d'Avoine. Dans le Midi on sème à l'automne. On emploie de 15 à 25 litres de graines par hectare, on recouvre légèrement la graine.

La durée d'une luzernière est de 4 à 25 ans et même plus, mais en bonne culture, on ne la laisse que 5 à 6 ans. Cette plante, comme le Trèfle, ne doit revenir que de loin en loin sur la même terre.

Lupuline. — La Lupuline ou *Minette* est une Luzerne que l'on cultive de préférence sur les sols un peu légers où le Trèfle, la Luzerne et le Sainfoin ne prospèrent pas bien ; elle est rustique et supporte aussi bien les froids que la sécheresse ; on la sème au printemps seule ou avec une plante protectrice, à la volée ; on emploie en moyenne 15 kilog. de graines par hectare.

On la cultive ordinairement comme plante bisannuelle que l'on fait manger sur place, ou à l'étable en vert, principalement par les moutons ; c'est un aliment salubre qui ne météorise pas.

Sainfoin. — Le Sainfoin est la providence des terres sèches fortement calcaires. On en cultive deux variétés : le *Sainfoin chaud* ou Sainfoin à une coupe et le *Sainfoin à deux coupes* ; le semis se fait au printemps et comme la graine est fort difficile à extraire des gousses, on la sème en bourre, c'est-à-dire 'enveloppée dans la gousse; on emploie de 3 à 6 hectolitres de semence à l'hectare. On sème aussi en août et ce mode réussit assez bien lorsque la jeune plante n'est pas arrêtée dans sa croissance par une forte sécheresse.

Cette excellente plante est pour les terres calcaires sèches ce que sont le Trèfle et la Luzerne pour les terres argilo-silico-calcaires profondes; elle dure plusieurs années, mois il ne faut la laisser venir à graines que lorsque la sainfoinière commence à se dégarnir.

Trèfle blanc. — Le Trèfle blanc ou Trèfle rampant, est une plante vivace que l'on rencontre quelquefois en abondance dans les bonnes prairies, ce qui indique que la terre est suffisamment calcaire pour produire de bonnes récoltes.

On sème cette plante au printemps ou à l'automne, ordinairement dans une céréale, à raison de 8 à 10 litres de graines par hectare, on recouvre légèrement la graine ; elle produit un excellent fourrage sec, mais on la fait généralement consommer en vert à l'étable, ou manger sur pied ; quelquefois on l'associe à la Lupuline.

Troisième partie

PAR ED. VIANNE.

Les instruments.

Faire de la bonne culture, c'est non-seulement produire beaucoup sur une surface donnée, mais encore et surtout *produire économiquement*. Ainsi, celui qui obtient sur un hectare de terre, 20 hectolitres de Blé au prix de revient de 15 francs l'hectolitre, fait une meilleure culture que celui qui, sur la même surface, aura obtenu 25 hectolitres au prix de revient de 18 francs l'hectolitre. En effet, en admettant que tous deux vendent leurs grains 20 francs l'hectolitre, le premier aura réalisé un bénéfice de 100 francs, tandis que l'autre n'aura bénéficié que de 50 francs. Ce raisonnement est bien simple, et pourtant on le pratique rarement ; aussi quand nous entendons parler de gros rendements, demandons-nous toujours le prix de revient.

Pour produire économiquement, il faut surtout avoir des bras en suffisance et à un taux raisonnable, et lorsque les bras font défaut ou sont trop chers, il faut nécessairement les remplacer par des machines qui, *lorsqu'elles*

sont bien choisies, permettent de faire mieux, plus économiquement et surtout en temps utile, des travaux d'où
dépendent souvent l'avenir ou la rentrée des récoltes. Nous
allons donc indiquer quelques-unes des principales machines
employées en agriculture.

Les Charrues.

Lorsque les hommes ont commencé à demander leur
nourriture à la terre ils se contentèrent de la piocher gros-
sièrement de manière à pouvoir lui confier le grain servant
de semence, puis on imagina les bêches qui permirent de

Fig. 5. Araire simple ou charrue Dombasle.

la retourner plus profondément et de la diviser; mais la culture s'étendant de plus en plus la bêche fut bientôt insuffi-
sante et ne fut plus employée que pour le jardinage et la
petite culture. Pour la remplacer on imagina un engin que
l'on fit traîner par des animaux et que l'on appela *Aro*
dont on fit plus tard l'*Araire* ou charrue simple, aujourd'hui
notablement perfectionnée et employée dans la majeure
partie du Centre et du Midi de la France.

Cet instrument ne diffère de la charrue proprement dite que parce qu'il n'a pas de support à l'avant ; il est simple, solide et d'un prix peu élevé. Dans beaucoup de contrées il est connu sous le nom de *charrue Dombasle*, du nom du grand agronome qui l'a perfectionné et dont le petit-fils, M. de Meixmoron de Dombasle, continue la construction qui sert toujours de modèle.

La manœuvre de l'araire présente quelques inconvénients pour ceux qui sont habitués à se servir de la charrue ordinaire ou charrue à avant-train. Cet instrument réclame aussi un peu plus d'attention de la part de son conducteur, et c'est ce qui l'a empêché de se propager dans les pays riches où la

Fig. 6. Charrue-Araire ou Araire à support.

culture se fait avec des chevaux, et où on est habitué aux charrues avec avant-train. Pour obvier à cet inconvénient on a imaginé de mettre à l'avant de l'araire, un support, sabot ou roulette, et, par ce fait, sa manœuvre devient la même que celle des charrues ordinaires. Ainsi modifié, cet instrument est très-avantageusement employé pour les labours légers.

La charrue proprement dite varie de forme et de dispositions selon les localités. Le plus ordinairement l'age ou corps de la charrue est droit, et en bois ; il repose sur un avant-train à deux roues auquel on le fixe au moyen d'un collier, maintenu par une cheville en bois ou en fer.

L'avant-train varie aussi de forme, et quelquefois l'age est maintenu dans une gorge formée par deux pièces de bois que l'on règle au moyen d'une vis.

M. de Dombasle a imaginé un avant-train tout en fer qui s'adapte à tous ses instruments.

Fig. 7. Avant-train de charrue.

Dans les charrues anglaises, l'avant-train indépendant est remplacé par deux roues souvent d'inégale grandeur, qui passent dans des douilles fixées à l'age. Ces roues sont disposées de telle sorte, qu'on peut les rapprocher ou les écarter et aussi les monter ou les baisser.

Depuis quelques années on emploie beaucoup une charrue à deux corps superposés nommée Brabant double. Cette charrue est très-employée dans la Somme, l'Aisne, Seine-et-Marne ; elle tend à se propager. Malheureusement son prix, qui est relativement très-élevé, est un obstacle à sa propagation.

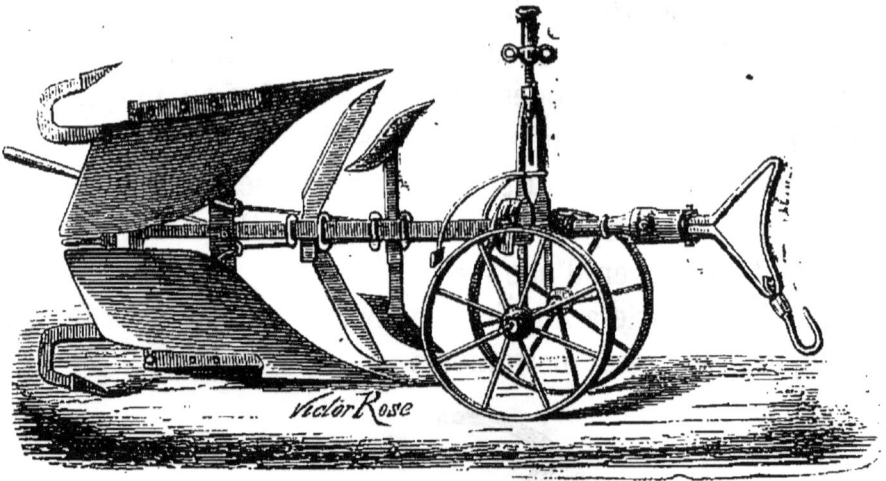

Fig. 8. Charrue Brabant double.

Les Herses.

Après la charrue qui retourne la terre, l'instrument le plus indispensable est la herse qui la divise et l'ameublit.

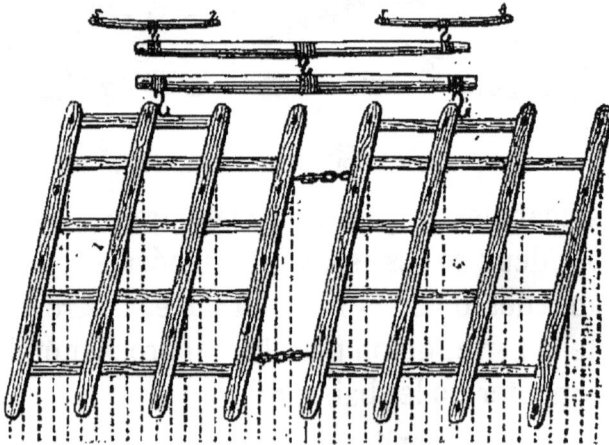

Fig. 9. Herses parallélogrammatiques accouplées.

Depuis quelques années cet instrument a subi de grands perfectionnements : aux grosses herses triangulaires entièrement en bois, on a commencé par substituer la herse parallélogrammatique avec dents en fer. Puis les Anglais nous ont fait connaître la herse en *Zig-zag*, tout en fer, qui est aujourd'hui la plus estimée. Le plus récent perfectionnement consiste dans l'adjonction de mancherons, ce qui permet de mieux conduire cet instrument et le rend plus énergique.

Fig. 10. Herse en zig-zag à 4 jeux.

Les Rouleaux.

Cet instrument est indispensable et pourtant son emploi est loin d'être général; les bons rouleaux font encore exception et en général ceux qu'on rencontre dans les cultures sont informes et souvent mal employés. Le rouleau sert :

1° A ameublir la terre après le labour et avant le hersage. Dans ce cas, on se sert du rouleau brise-motte connu sous le nom de Croskill ou d'un rouleau-squelette formé par des disques unis à la cironférence;

2° Pour serrer la terre sur les semis. Pour cette opération on se sert du rouleau plombeur ou mieux d'un rouleau ondulé qui produit plus d'effet sans former de croûte à la surface du sol;

3° On se sert aussi du rouleau, au printemps, pour serrer

la terre sur les jeunes plantes en partie déchaussées par les gelées qui ont pour effet de boursouffler la terre.

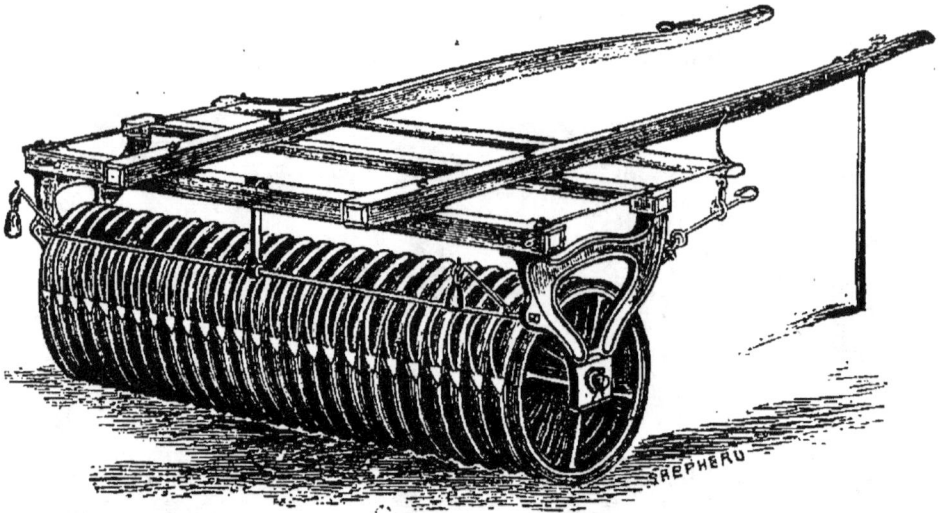

Fig. 11. Rouleau à disques.

Les meilleurs rouleaux sont ceux en fonte, divisés en segments cylindriques qui se prêtent aux inégalités du sol ; ils doivent être courts et gros : trop longs ils

Fig. 12. Rouleau plombeur en fonte.

fonctionnent mal, et trop minces ils ne donnent pas d'effet utile.

Les Cultivateurs, Scarificateurs, Extirpateurs.

Après les trois genres d'instruments que nous venons d'indiquer, le plus utile est, sans contredit, le scarificateur que dans beaucoup de contrées on nomme avec juste raison *Cultivateur*. Cet instrument tient le milieu entre la charrue et la herse et sert toujours utilement et souvent très-économiquement à faire les préparations intermédiaires.

On l'emploie au printemps pour ouvrir les terres qui ont été labourées avant l'hiver et qui sont trop durcies pour que la herse puisse les ameublir convenablement pour recevoir la semence. On épargne ainsi un second labour à la charrue, des hersages et des roulages qui, non-seulement coûtent le double et demandent trois fois autant de temps,

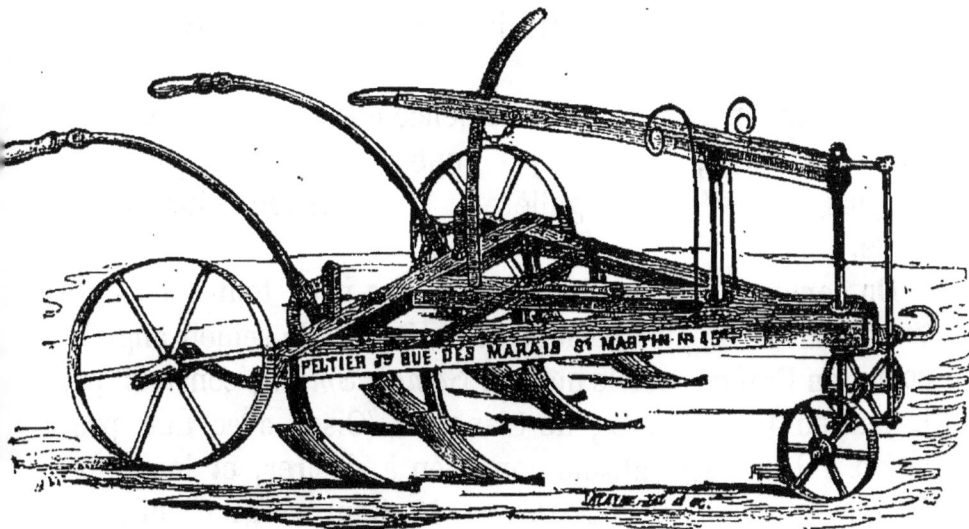

Fig. 13. Scarificateur.

mais qui laissent plus à désirer sous le rapport du bon travail.

Le scarificateur remplace avantageusement la herse pour les hersages énergiques, surtout dans les jachères, ou lorsqu'il s'agit de nettoyer la terre par l'arrachage des plantes à racines pivotantes ou longuement traçantes.

Il sert aussi pour enterrer les engrais pulvérulents et les grosses graines. Enfin, c'est l'instrument par excellence pour les déchaumages.

Les Semoirs.

L'ensemencement est la partie la plus importante des travaux agricoles. C'est aussi celle sur laquelle les cultivateurs peuvent réaliser le plus d'économie, et pourtant c'est une de celles dont on s'occupe le moins. Dans la plus grande partie de la France, on sème encore aujourd'hui comme on le faisait il y a un siècle, à la volée, et on recouvre plus ou moins imparfaitement à la herse. Il en résulte que le tiers, au plus, des semences sont utilisées, et que le reste devient la proie des oiseaux, pourrit dans la terre ou végète péniblement.

Avec les semoirs, toute la semence étant utilisée, on peut, par conséquent, en employer une moins grande quantité; de plus, la levée est régulière et la végétation plus vigoureuse.

On construit aujourd'hui des semoirs pour toutes les cultures. Parmi les plus parfaits nous citerons le semoir anglais, connu en France sous le nom de *Semoir Smyth*, construit par la maison Albaret et Ce, de Liancourt (Oise), avec une précision qui ne laisse absolument rien à désirer, et le semoir Gautreau, inventé et construit par M. Gautreau, mécanicien à Dourdan. Ce dernier instrument est surtout remarquable en ce que, réunissant tous les avantages des semoirs système anglais, sur les principes desquels il est établi, il a sur eux le très-grand avantage de ne pas nécessiter de pièces de rechange, les diverses vitesses se donnant pour ainsi dire

Fig. 14. Nouveau semoir de M. T. Gautreàu.

instantanément et sans avoir rien à changer et par conséquent à casser où à égarer.

Cette invention, très-appréciée par les Jurys, a valu à
M. Gautreau le premier prix des semoirs dans différents
concours agricoles.

Houes, Bineuses et Butteurs.

Les instruments servant au nettoyage des récoltes peuvent
être divisés en deux catégories, suivant qu'ils nettoient une
ou plusieurs lignes à la fois; on donne aux premiers le nom
de houes à cheval et aux seconds celui de bineuses.

Les houes à cheval sont des instruments aujourd'hui très-
répandus en culture pour le nettoyage des Plantes, Racines et
du Maïs; ils sont généralement simples, solides et peu coûteux. La précaution la plus importante pour la réussite de
la culture avec la houe à cheval consiste à savoir l'employer

Fig. 15. Houe à cheval.

à propos, c'est-à-dire lorsque les herbes à détruire sont encore petites et que la terre n'est pas trop desséchée. La houe
à cheval n'exige qu'un cheval qui marche entre les lignes.
Une des meilleures est celle construite par M. E. Bodin à
Rennes.

Aussitôt que les plantes semées en lignes sont levées, il faut au plus tôt songer à ameublir le terrain qui les entoure et à enlever les herbes adventices qui ne tarderaient pas à les étouffer. Pour cette opération on se sert de la *Houe à Cheval* que l'on passe entre les lignes. Cet instrument doit être léger, maniable et disposé de manière à pouvoir écarter ou rapprocher à volonté les razettes et les dents. Les *Bineuses* sont un peu plus compliquées et permettent de nettoyer plusieurs rangs à la fois.

Fig. 16. Bineuse.

Ces instruments sont principalement destinés au nettoyage des Céréales ou des Betteraves plantées d'après la nouvelle méthode à moins de 45 centimètres d'écartement entre les lignes, distance rigoureusement nécessaire pour le service de la houe à cheval. Elles exigent une grande précision de construction, et doivent être munies d'appareils de direction prompts et énergiques; une des plus simples est celle construite par MM. Delahaye et Bajac à Liancourt (Oise).

Les *Butteurs*, que l'on nomme aussi *charrues à deux versoirs*, ne servent que pour butter, c'est-à-dire garnir de terre le pied de certaines plantes telles que le Maïs et surtout les Pommes de terre. Il faut qu'ils soient construits de manière à pouvoir écarter ou rapprocher les versoirs selon les besoins du travail.

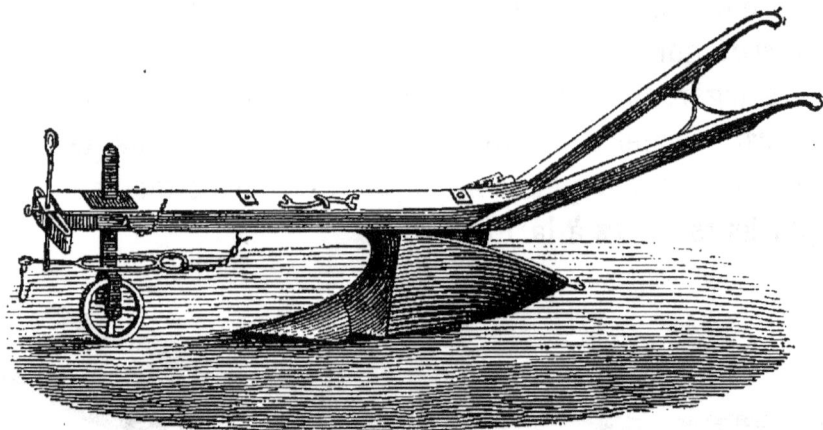

Fig. 17. Butteur.

Ils doivent bien tenir en terre, sans chercher à piquer ni à se déterrer; un seul cheval suffit pour les conduire.

CHAPITRE II.

Instruments employés pour la récolte des produits.

Faucheuses mécaniques. — Par suite du développement que l'agriculture prend de jour en jour, de la rareté des bras et de la nécessité d'opérer plus promptement et plus activement, les cultivateurs reconnaissent que la faucille a fait son temps et que la faux ne doit plus être employée que lorsque l'on n'a que de petites surfaces à couper. Ces instruments sont maintenant avantageusement remplacés par la faucheuse mécanique, qui, quoique d'une introduction relativement récente, a fait promptement son chemin et est aujourd'hui employée dans toutes les bonnes cultures. Il y a des faucheuses à un cheval et des faucheuses à deux chevaux; une des meilleures est la faucheuse système Wood, c'est la plus employée ; elle est très-bien fabriquée par plusieurs mécaniciens français et étrangers. Il y a plusieurs autres systèmes également bons et qui ne diffèrent de la *Wood* que par des détails de disposition et de construction.

Ces machines se composent en général de deux roues motrices présentant extérieurement des saillies, et munies intérieurement d'une couronne dentée; elles sont traversées par un essieu autour duquel elles tournent librement. L'essieu porte le bâti sur lequel est appliqué ou attaché tout le mécanisme qui donne le mouvement à la scie et qui permet de la relever ou de la baisser selon le travail à exécuter.

Fig. 18. Faucheuse.

Faneuses mécaniques. — Les faneuses sont des machines dont il est impossible de se passer lorsqu'on emploie la faucheuse. Ces instruments sont beaucoup plus simples qu'on est porté à le croire de prime abord ; avec cela ils sont solides et faciles à conduire, un seul cheval suffit pour les faire manœuvrer. La faneuse conduite par un homme et un cheval, fait le travail de 15 à 20 personnes ; de plus elle secoue et écarte le foin beaucoup mieux qu'on ne saurait le faire à la main.

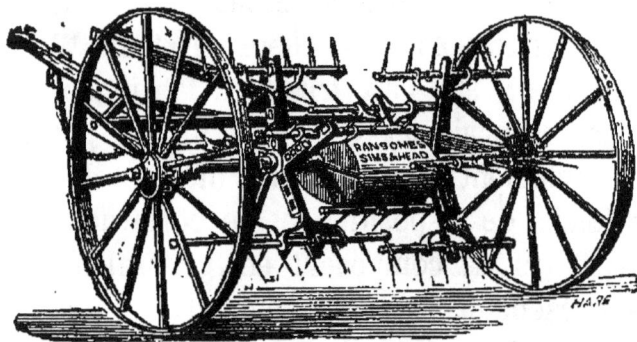

Fig. 19. Faneuse.

Les meilleures faneuses sont de construction anglaise et à

double effet, c'est-à-dire qu'on les fait manœuvrer en avant ou en arrière selon que l'on veut obtenir un secouage plus ou moins énergique.

Râteaux à Cheval. — Cet instrument est l'accessoire indispensable de la faucheuse et de la faneuse, car il ne suffit pas de couper promptement le fourrage et de l'étendre

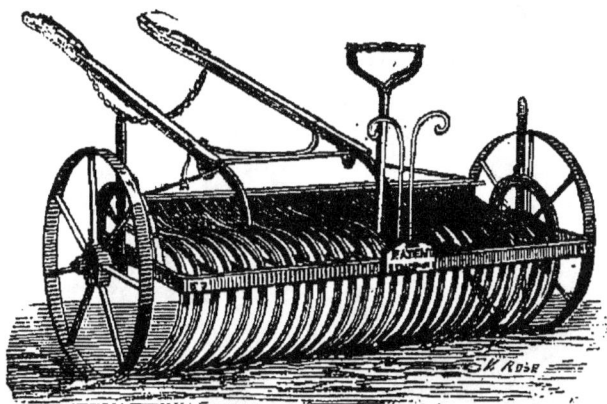

Fig. 20. Râteau à cheval.

afin de faire sécher vivement, il faut encore pouvoir le rassembler en cas de besoin afin de le mettre en meulons à l'abri du mauvais temps. Avec un bon râteau conduit par un homme et un cheval, on peut ramasser en une journée de 6 à 8 hectares de fourrage.

Les meilleurs râteaux sont ceux à roues élevées, à dents en acier et dont le mécanisme du levier est disposé de manière à ne pas exiger trop d'efforts pour soulever les dents ; il faut aussi que les dents soient indépendantes, afin de pouvoir les remplacer facilement lorsqu'elles se faussent par la rencontre d'une pierre ou autres obstacles.

Moissonneuses mécaniques. — Par les mêmes raisons qui ont fait adopter les faucheuses on a dû recourir aux

moissonneuses pour couper les moissons. Aujourd'hui ces
utiles instruments ont atteint un grand degré de perfection-
rement, la coupe ne laisse absolument rien à désirer et la
javelle se fait d'une manière convenable ; bientôt on aura
même des moissonneuses-lieuses. Plusieurs modèles de ces
dernières figurent à l'Exposition universelle, mais elles laissent encore un peu à désirer au point de vue de la culture
française; pourtant telles qu'elles sont elles peuvent déjà rendre de grands services en Algérie, dans le Midi, le Centre et
dans les contrées à petites récoltes.

Fig. 21. Moissonneuse disposée pour le transport.

Les premières moissonneuses ont été fabriquées en Améri-
que et en Angleterre ; aujourd'hui plusieurs mécaniciens français construisent cet instrument, et leurs machines sou-
tiennent la comparaison avec les meilleures moissonneuses
étrangères.

CHAPITRE III.

Machines pour la préparation des produits.

Après que les produits sont entrés en grange ou mis en meules, il faut les préparer pour la vente ou pour la nourriture des animaux; pour cela, on emploie, en ce qui concerne les céréales, les machines à battre, les trieurs et les tarares.

Machines à battre. — Les machines à battre les grains comprennent la batteuse proprement dite, et les moteurs, manèges mus par des animaux, ou machines à vapeur. Dans ces dernier temps, on a introduit en France une petite batteuse à bras au sujet de laquelle on a fait beaucoup de bruit pendant un moment d'engouement; c'était une anomalie, un non-sens, que de créer une machine pour marcher à bras, au moment où les ouvriers deviennent de plus en plus rares et chers, et à une époque où l'on cherche à faire faire tout le travail brutal par des machines; aussi l'engouement n'a-t-il pas été de longue durée, et bientôt on chercha à appliquer à ces petites machines, des manèges simples pouvant fonctionner avec un Cheval, un Ane, même une Vache. Voilà qui est logique et c'est par là qu'on aurait dû commencer.

Les machines à battre aujourd'hui employées par la culture

peuvent se réduire à deux systèmes : dans le premier, le tambour batteur est garni de fortes dents qui froissent les épis ; elles font un *dépiquage*. Ce système n'est employé que dans les très-petites machines, entr'autres dans celles que nous venons de mentionner.

Dans le second système, le tambour est formé par un nombre variable de battes unies, passant près d'un contre-batteur dont la forme et la disposition varient selon les études ou le caprice du fabricant. Les batteuses de ce système se divisent en deux catégories : 1° les batteuses en bout ; 2° les batteuses en travers.

Les batteuses en bout sont plus simples et plus économiques d'achat, mais généralement elles ne nettoient pas le grain, le rendent en mélange avec la menue paille et froissent la paille.

Parmi les batteuses en bout, une des meilleures est assurément celle de M. Maréchaux, constructeur à Montmorillon.

Fig. 22. Petite batteuse en bout, de M. Maréchaux.

Dans cette machine, le contre-batteur est composé de barreaux mobiles dont on varie l'angle en les changeant de côté; par conséquent il supprime toute espèce de mécanisme, ce qui est un grand point en agriculture. Cet habile constructeur fabrique des batteuses avec manége de 1 à 4 chevaux ou bœufs. Il avait, pour satisfaire à l'engouement du moment, fabriqué une petite machine à un cheval qu'on pouvait faire mouvoir à bras ; mais sachant bien que cet engouement ne serait que l'affaire d'un moment, il avait eu soin de la disposer d'avance de manière à pouvoir y appliquer un petit manége spécial.

Les batteuses en travers sont celles dans lesquelles on engrène la paille en travers ou en biais. Ces machines, lorsqu'elles sont bien construites, rendent la paille intacte, sans être brisée ni froissée et dans toute sa longueur. Elles nettoient complètement le grain; il y en a même qui le séparent en plusieurs catégories. Elles fonctionnent au moyen d'un manége mu par des chevaux ou des bœufs ou d'une machine à vapeur.

Avant de décrire ces machines nous devons une mention toute particulière à la *machine à battre à plan incliné* construite par MM. Bertin et fils, à Montereau (Seine-et-

Fig. 23. Batteuse à plan incliné, de MM. Bertin et fils.

Marne). Cette machine, en ce qui concerne l'appareil à dépi-
quer, est une batteuse en travers complète, avec nettoyage et
secoue-paille ; elle ne diffère en rien des bonnes machines
de ce système qui réclament un manége de deux chevaux.
La différence qui existe entre la batteuse de MM. Bertin
et les autres batteuses, consiste dans le moteur qui est un
plan *mobile* légèrement incliné, établi sur deux longrines
qui font corps avec la machine; donc ici pas d'arbre de
transmission, de courroie, ni de perte de temps pour
l'installation : au moyen d'un cheval on transporte la machine sur le lieu où on veut battre, on dételle le cheval, on
le fait monter sur le plan incliné et on est prêt à fonctionner.
Pour calmer les craintes des philanthropes qui trouvent *bar-
bare* (c'est un mot que nous avons entendu prononcer) le
travail de ce cheval qui toujours marche sans avancer, nous
leur dirons que ce travail est infiniment moins pénible pour
le cheval, que celui qu'on lui réclame au manége, et ce qui
le prouve surabondamment, c'est que le même cheval peut
travailler toute une campagne, *tous les jours*, sans qu'on ait
besoin de le remplacer. Cette machine rend de 15 à 20 hectolitres de Blé bien nettoyé et reçu en sacs par 10 heures de
travail. C'est, selon nous, une excellente acquisition pour la
petite et la moyenne culture et surtout pour les entrepre-
neurs dans les contrées morcelées où on doit fréquemment
se déplacer.

Les machines en travers pour grandes et moyennes ex-
ploitations sont admirablement construites par plusieurs mécaniciens, qui se sont fait une spécialité de cette construction.
Nous mentionnerons entre autres quelques modèles fabriqués
par M. T. Gautreau, à Dourdan, qui, non content de faire
comme quatre ou cinq autres constructeurs, des machines
dites à grand travail avec lesquelles on peut battre de 80 à
100 hectolitres de Blé par jour, et même davantage, a
créé plusieurs modèles spécialement : pour la moyenne cul-

ture, d'abord une batteuse avec bâti entièrement en fer : il a ainsi évité les variations occasionnées par le retrait ou le

Fig. 24. Batteuse pour moyenne culture, de M. Gautreau.

gonflement du bois, ce qui dérange souvent le mécanisme. Cette élégante batteuse que nous figurons, est accompagnée d'un manége dit en l'air, avec poulie de transmission ver—

Fig. 25. Batteuse avec manége solidaire, de M. Gautreau.

ticale. Le constructeur livre la même machine avec un ma- nège à terre de son invention, d'une solidité à toute épreuve.

Dans une autre machine il a eu l'idée d'accoupler le ma- nège avec la batteuse et de les rendre solidaires. Ce système présente le grand avantage, lorsque les machines sont su- jettes à de fréquents déplacements ; d'exiger peu de temps pour l'organisation et de pouvoir se passer de mécanicien, car toutes les pièces étant rigides on est certain que la ma- chine est bien disposée lorsque les pièces sont en place.

Parmi les bonnes machines nous figurons aussi la batteuse à grand travail de MM. C. Gérard et fils, de Vierzon (Cher).

Fig. 26. Batteuse à grand travail, de MM. Gérard et fils.

Les machines fabriquées par cette maison peuvent soutenir la comparaison avec tout ce qui se fait de mieux à l'étranger. Cette batteuse, qui ne laisse absolument rien à désirer, tant sous le rapport de la solidité que du bon agencement, fait un travail considérable ; elle exige un moteur à vapeur de 4 à 6 chevaux et rend, comme toutes les batteuses à grand travail, le grain non-seulement assez propre pour être livré au marché, mais encore divisé par catégories.

Messieurs Gérard construisent aussi des batteuses de moindre importance, qui ne réclament que de 2 à 4 chevaux de force.

Moteurs à manèges et moteurs à vapeur.

Pendant longtemps on n'a connu que les manèges à terre dont on se sert encore comme étant les plus simples, les plus solides et aussi à meilleur marché. Ce genre de ma-

Fig. 27. Manège locomobile de M. T. Gautreau.

nèges est construit par plusieurs mécaniciens de premier ordre, entre autres par MM. Albaret et Ce, Peltier, Gautreau, etc. Pour la mise en mouvement des machines à battre, leur emploi nécessite une transmission et souvent un intermédiaire pour donner la vitesse nécessaire.

Il n'y a guère plus d'une vingtaine d'années que l'on fabrique des *manèges en l'air*, à grande vitesse, spéciales pour les machines à battre. Une de ces machines figurait à l'Exposion de 1855, où elle fut fort goûtée ; mais elle présentait l'inconvénient d'avoir la poulie commanderesse horizontale.

Fig. 28. Nouveau manège de M. Maréchaux.

Cet inconvénient fut évité par plusieurs constructeurs, entr'autres, par M. Gérard et par M. Gautreau.

Aujourd'hui ces manèges ne sont plus employés que par la moyenne et la petite culture, la grande culture préfère, avec raison, employer la vapeur comme force motrice.

Les machines à vapeur agricoles sont fixes, mi-fixes ou locomobiles.

Les premières ne sont guère employées que dans les

fermes industrielles qui ont besoin d'une force de plus de 6 à 8 chevaux, ou de beaucoup de vapeur.

GAUTREAU-OURDAN

L. GUIQUET

DECREFF

Les machines mi-fixes sont verticales ou horizontales :

7

les premières offrent l'avantage de réclamer peu de place. MM. Gautreau de Dourdan et Gérard et fils de Vierzon, ainsi que plusieurs autres constructeurs fabriquent des machines de ce système qui ne laissent rien à désirer.

Les machines mi-fixes horizontales sont tout simplement des machines locomobiles dont ont a remplacé les roues par des supports en fer ou en fonte.

Le choix des machines à vapeur est très-difficile et nous engageons les agriculteurs à avoir recours aux gens du métier pour les examiner, lorsqu'ils ne s'adressent pas à des mécaniciens bien connus.

Les machines à vapeur de la maison Gérard et fils de Vierzon, et de M. Gautreau à Dourdan, sont remarquables par la force effective qu'elles développent et par leur grande surface de chauffe. Ces machines sont toutes munies d'un réchauffeur d'eau qui permet d'alimenter avec de l'eau très-chaude ; on comprend que cette disposition doit exercer une grande influence sur la consommation du combustible.

M. Gautreau, justement préoccupé de la difficulté que l'on éprouve, surtout en agriculture, pour nettoyer les générateurs, a adopté pour les chaudières de ses machines, le système *amovible* imaginé par MM. Thomas et Laurent, qui permet d'enlever en une pièce tous les tuyaux et de les sortir de la chaudière pour les nettoyer. Ce système est avec raison justement très-apprécié, il augmente notablement les garanties de durée de la chaudière, prévient les explosions et procure une grande économie de combustible.

Lorsqu'on achète une machine à vapeur, il faut toujours se rendre compte de sa production en force *effective* et non *nominale*. Car, certaines machines développent moitié en sus de la force nominale pour laquelle elles sont vendues, tandis que d'autres machines produisent à peine cette force.

Instrument de nettoyage et préparation des produits.

Pour le nettoyage complet des grains on se sert de trieurs et de tarares. Les trieurs cylindriques remplacent les anciens tamis : ce sont des instruments très-simples et n'exigeant jamais de réparations, un enfant suffit pour les faire fonctionner. Le type ce ces instruments est le trieur Pernollet, avec tôles mobiles et épierreur. Les trieurs à alvéoles sont plus compliqués ; ils sont particulièrement employés pour séparer du Blé, le Seigle, l'Orge ou l'Avoine qui s'y trouvent souvent mélangés en plus ou moins grande quantité.

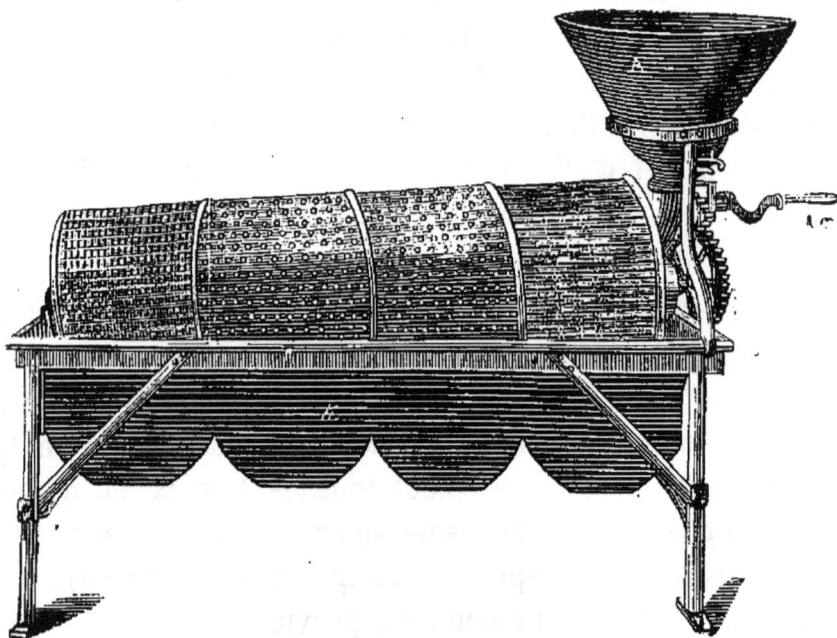

Fig. 30. — Trieur, système Pernollet.

Tarares. — Les tarares ont remplacé les anciens *vans* ; tous sont basés sur le même principe : c'est un moulinet qui chasse de l'air à travers des cribles sur lesquels on fait tomber le grain, et enlève toutes les matières légères. Depuis quelques années on fabrique des *tarares aspirateurs,* mais

ces instruments ne sont guère employés que par la meu-
nerie.

Préparation des aliments pour le bétail.

Pour préparer la nourriture pour les animaux on se sert,
lorsqu'il s'agit de racines, d'abord d'un laveur.

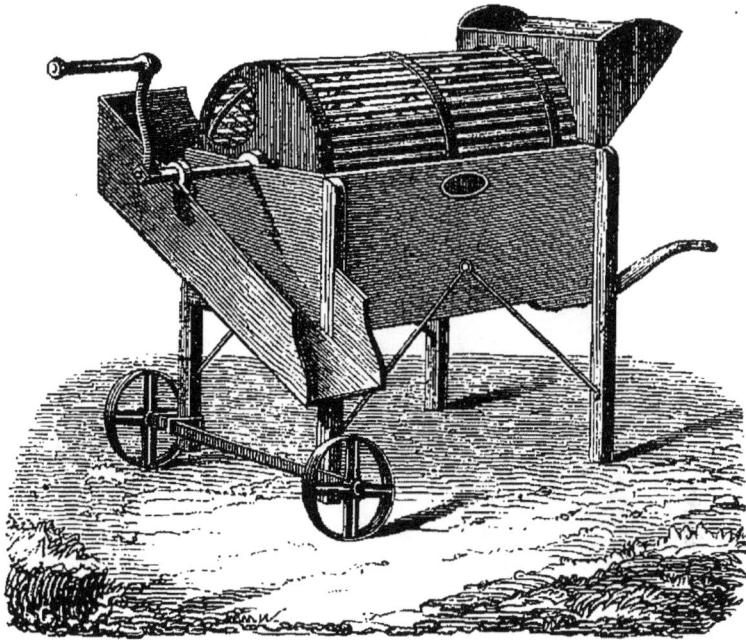

Fig. 31. — Laveur de racines.

Laveur. — Le laveur est une espèce de cylindre à claire-
voie, formé par des barrettes en bois ou en fil de fer, monté
sur un bac ou coffre contenant de l'eau dans lequel il plonge
à moitié, et disposé de telle manière que l'axe du cylindre
soit un peu incliné vers la sortie des racines. La figure que
nous donnons de cet instrument le fera d'ailleurs très-bien
comprendre.

Lorsque les racines sont débarrassées de la terre qui y

adhère, il faut les couper en tranches pour le gros bétail, ou en cossettes pour les Moutons, au moyen d'un *coupe-racines*.

Coupe-Racines. — Les coupe-racines sont des instruments très-connus. Les plus employés se composent d'un disque en fonte de fer, portant de 3 à 6 couteaux. Le disque tourne verticalement et affleure le côté ouvert d'une trémie en bois ou en fer, dans laquelle on met les racines; il faut que la trémie soit à jour afin de laisser échapper les impuretés qui se trouvent souvent mêlées avec les racines.

Fig. 32. Coupe-Racines.

Hache-Paille. — Pour utiliser la paille, beaucoup de culti-vateurs ont l'excellente habitude de la couper et de la mé-langer avec du foin également coupé; pour cela, on se sert de *hache-paille*. Dans ces instruments il faut examiner le système de coupe et d'entraînement. La coupe se fait, dans le système le plus répandu, au moyen d'un ou de plusieurs couteaux disposés sur les bras d'un volant qui tourne verti-calement, en affleurant une ouverture dont le dessus est mo-

Fig. 33. — Petit Hache-Paille.

bile, et à l'intérieur de laquelle sont disposés des cylindres qui entraînent vers les couteaux le fourrage à couper. Ces instruments sont devenus très-usuels et sont connus de tous les cultivateurs.

Nous venons de donner la nomenclature des instruments les plus employés par les cultivateurs. Il y en a encore un grand nombre d'autres qui sont aussi très-utiles, mais moins usuels et qui exigeraient trop d'explications pour les faire comprendre; il n'est pas possible, pour cette raison, de s'en occuper dans un modeste aide-mémoire, tel que notre *Vade-mecum*.

TABLE DES MATIÈRES

TABLE DES FIGURES

Paris, Imp. PAUL DUPONT, 41, rue J.-J. Rousseau. 6.78.1890

www.ingramcontent.com/pod-product-compliance
Lightning Source LLC
Chambersburg PA
CBHW071217200326
41519CB00018B/5560